Katharina Buss

Mützen, Schals und Handschuhe

Ravensburger Buchverlag

Wir danken der Firma
Schachenmayr, im besonderen
Frau Stefanie Frey, für die
hilfreiche Unterstützung bei
diesem Buch.

Die Deutsche Bibliothek – CIP-Einheitsaufnahme

Buss, Katharina:
Mützen, Schals und Handschuhe / Katharina Buss. –
Ravensburg: Ravensburger Buchverl., 1997
(Ravensburger Hobby: Textiles Gestalten)
ISBN 3-473-42419-6

Entwürfe: Katharina Buss, Barbara Schreyer
Zeichnungen: Katharina Buss
Fotos: Alexander Frank, Fintel
Umschlagfoto: Roland Krieg, Waldkirch
Umschlaggestaltung:
Ekkehard Drechsel BDG
Layout: Leonore Wienstrath, Ahrensburg
Redaktion: Hildrun Lachmann
Satz: DTP – QuarkXPress 3.31
Gesamtherstellung: Himmer, Augsburg
Printed in Germany

Die Schreibweise entspricht den Regeln der
neuen Rechtschreibung

97 98 99 3 2 1

ISBN 3-473-42419-6

Inhalt

Abkürzungen:

M	Masche
Nd	Nadel
R	Reihe
Rd	Runde
str	stricken
re	rechts, rechte
li	links, linke
wdh	wiederholen
zus-str	zusammenstricken

Selbst gestrickt sind sie doch am schönsten: Mützen, Schals und Handschuhe. Sie sollen nicht nur winterlichen Temperaturen trotzen, sondern hauptsächlich auch modische Akzente setzen. Ein zusätzliches Plus: man kann sie farblich perfekt auf die Garderobe abstimmen.

Ob zum Kuscheln für zu Hause oder für Spaziergänge bei winterlichen Temperaturen – am schönsten ist ein breiter Schal, in den man sich richtig einmummeln kann. In den Geschäften gibt es zwar reichlich Auswahl, aber meist findet man dort gerade die Farbe nicht, die man haben möchte. Und das ist auch das große Zusatzplus beim Selberstricken: Man kann Garne und Farben auswählen und zusammenstellen, wie sie am besten zur vorhandenen Garderobe passen. Und man kann die Schals so breit und so lang stricken, wie es einem persönlich gefällt.
Damit das Outfit dann komplett wird, gibts in diesem Buch zu vielen Schals auch die passenden Mützen und Handschuhe.
Hinzu kommt ab Seite 56 eine ausführliche Anleitung für Finger- und Fausthandschuhe – mit Größentabellen, die das Stricken weiter vereinfachen. Und wie man Pompons, Quasten und Fransen selbst herstellen kann, fehlt natürlich auch nicht.
Übrigens: Auch wenn sie bei Schals nicht so wichtig ist wie bei Pullis und Jacken, sollten Sie trotzdem immer eine Maschenprobe machen.
Etwas schmaler oder breiter macht zwar nichts aus, aber zu locker oder zu fest verarbeitet, sehen auch Mützen oder Schals nicht besonders gut aus.
Ich wünsche Ihnen nun viel Spaß beim Stricken und noch mehr Vergnügen beim Tragen Ihrer selbst gestricken Mützen, Schals und Handschuhe.

Ihre Katharina Buss

Unendlich viele Farbkombinationen gibt es für solche klassischen Streifen. Das gibt Ihnen die Möglichkeit, Schals und Mützen perfekt auf Ihre Garderobe abzustimmen.

Mal breit, mal schmal sind die Farbstreifen bei diesen Schals, wie auch die Zeichnungen auf den folgenden Seiten zeigen. Das bringt schon beim Stricken Abwechslung. Der einzige Nachteil: Damit auch die Kanten sauber aussehen, müssen die Fäden bei jedem Streifen extra vernäht werden. Es sei denn, Sie lösen das Problem wie beim Ponchoschal und dem Stirnband (rechts): indem Sie zusätzlich rundum schmale Rollränder anstricken. Glatt links gestrickt, rollen sie über die Kanten hinweg und verdecken so auch die kurzen Spannfäden zwischen den Streifen.

Schals, Mützen, Stirnband mit Streifen

Material: Schachenmayr-Garn Qualität **Extra**, 100% Schurwolle (Lauflänge ca. 125 m/50 g), **für den Schal mit breitem Rückenteil (Schal 1)** 500 g in Schwarz Nr. 3551 und je 150 g in Rostrot Nr. 3604, Rost Nr. 3603 und Orange Nr. 3600; **für den einfachen Schal (Schal 2)** 200 g in Schwarz Nr. 3551, 150 g in Bordeaux Nr. 3535 und je 100 g in Grün Nr. 3509 und Dunkelblau Nr. 3553. Stricknadeln Nr. 4.

Rippenmuster: 1 M re, 1 M li im Wechsel str.
Glatt links: Hinr li M, Rückr re M.
Glatt rechts: Hinr re M, Rückr li M.
Maschenprobe: Glatt links bzw. glatt re: 22 M und 30 R, im Rippenmuster: 36 M und 30 R = 10 x 10 cm.
Streifenfolge I: 6 R in Schwarz, 5x (6 R in Farbe, 6 R in Schwarz), 54 R in Farbe = 120 R.
Streifenfolge II: * 30 R in Schwarz, 30 R in Farbe, ab * wiederholen.
Für Farbe bei Schal 1 im Wechsel Rostrot, Rost und Orange, bei Schal 2 im Wechsel Bordeaux, Grün und Dunkelblau stricken.

Anleitung für den Schal mit breitem Rückenteil
Für das linke vordere Schalteil 94 M in Schwarz anschlagen und im Rippenmuster 300 R nach Streifenfolge I str. Die M stilllegen.
Für das rechte vordere Schalteil 94 M in Schwarz anschlagen und nach Streifenfolge II str. Nach 300 R bzw. 6 R in Orange die M stilllegen.
Nun über alle M in Streifenfolge II weiterstricken. Dafür zunächst die 94 M des rechten Schalteils in Schwarz str, dann 4 M neu anschlagen und die 94 M des linken Schalteils str = 192 M. Für den Rollrand in 190 cm Höhe in Schwarz 2 cm glatt links anstricken,

dabei in der 1. R 74x abwechselnd jede 2 und 3. M und jede 1. und 2. M li zusammenstricken (2 Abnahmen bei 5 M) = 116 M. Aus den schmalen Schalenden 56 M, aus den äußeren Schalkanten 418 M und aus den inneren Schalkanten je 286 M in Schwarz aufnehmen und ebenfalls 2 cm glatt li in Schwarz anstricken. Die Rollränder auf der Rückseite neben den Randmaschen gegenheften.

Anleitung für den schmalen Schal
96 M in Schwarz anschlagen und zunächst 360 R nach Streifenfolge I, dann weiter nach Streifenfolge II str. In 210 cm Höhe – nach 30 R in Schwarz – alle M abketten.

Anleitung für das Stirnband
25 M in Schwarz anschlagen und im Rippenmuster im Wechsel je 6 R in Schwarz und Orange str. In 48 cm Höhe, nach 6 R in Orange, die M abketten. Für die Rollränger aus den Längskanten je ca. 106 M in Schwarz aufnehmen und 2 cm glatt links anstricken. Die Schmalkanten aneinander nähen.

Mal Stirnband, mal Mütze. Der Trick: eine Kordel, die durch die Abkettkante oder eine darunter liegende Lochreihe gezogen ist. Wird das offene Teil zur Hälfte zusammengelegt, erhält man ein doppeltes Stirnband, mit der Kordel zusammengezogen eine witzige Mütze.

Anleitung für die glatt rechts gestrickte Mütze
110 M in Orange anschlagen und glatt re 16 cm in Orange, 2x je 2 R in Schwarz und 5 R in Rost und 2x je 2 R in Schwarz und 5 R in Rostrot, dann in Schwarz str. Nach 4 R in Schwarz für den Kordeldurchzug die 3. und 4. M, dann 15x jede 6. und 7. M re zusammenstricken und 1 Umschlag arbeiten. Dann noch 6 R glatt re str (in der 1. Rückr die M und Umschläge li str) und die M abketten.
Eine 70 cm lange Kordel in Schwarz anfertigen und durch die Lochreihe ziehen.

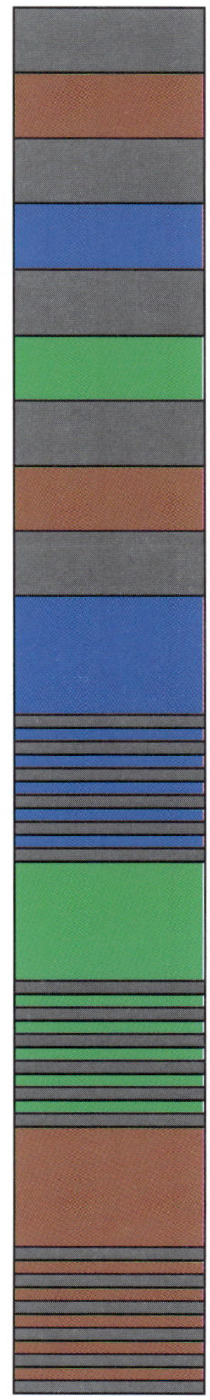

Anleitung für die Mützen im Rippenmuster
164 M in Rostrot bzw. Bordeaux anschlagen und im Rippenmuster je 10 cm in Rostrot und Schwarz bzw. Bordeaux und Grün str. Dann für die Mütze mit Grün die M abketten. Für die Mütze mit Schwarz noch 5 cm glatt re mit Nadeln Nr. 3 in Rostrot anstricken. Eine dünne Kordel in Bordeaux bzw. Rostrot anfertigen und durch alle rechten Rippen der 1. R nach der Anschlagkante ziehen.

Streifen in Jeansfarben

Jeansblau – für Kinder und Erwachsene ein modischer Evergreen!

Als Schal und Mütze zugleich kann der breite Rollkragen (Foto oben) verwendet werden. Die Handschuhe haben Ringelbündchen und verschiedenfarbige Finger.
Kinder freuen sich über viele lustige Pompons. Vier davon sind an die gestreifte Rollrandmütze genäht, mit zwei großen bunten sind die Schalenden zusammengerafft.
Dazu gibts Ringel-Fäustlinge.

Material: Schachenmayr-Garn **Extra**, 100% Schurwolle (Lauflänge ca. 125 m/50 g): für alle Teile 250 g in Jeansblau Nr. 3563, je 200 g in Rauchblau Nr. 3513 und Hellblau Nr. 3597 und 50 g in Weiß Nr. 3524.
Für die **Schals** eine Rundstricknadel, 50 bis 60 cm lang, bzw. Stricknadeln Nr. 4; für die **Mützen** je ein Nadelspiel Nr. 3$^1/_2$ und 4, für die Handschuhe je ein Nadelspiel Nr. 3$^1/_2$ und 4.
Grundmuster: Glatt rechts = Hinr re M, Rückr li M, in Rd nur re M.
Maschenprobe: Mit Nadeln Nr. 4: 22 M und 30 R = 10 x 10 cm.
Bündchenmuster I: 1 M re, 1 M li im Wechsel stricken.
Bündchenmuster II: 2 M re, 2 M li im Wechsel stricken.

Rollkragen
Für 60 cm Weite 168 M in Jeansblau anschlagen und in Hin- und Rückr oder in Runden im Bündchenmuster II je 26 R bzw. Rd in Jeansblau, Hellblau und Rauchblau im Wechsel str. Nach 7 Streifen, = ca. 56 cm Höhe, alle M abketten.

Große Mütze
Für 54 cm Weite 120 M in Jeansblau anschlagen, die M auf das Nadelspiel Nr. 3$^1/_2$ verteilen und 9 cm im Bündchenmuster II str. Glatt re mit Nd 4 weiter 6 cm in Jeansblau und je 8 Rd in Rauchblau, Hellblau und Rauchblau str. In der letzten Rd immer 2 M re zusammenstricken = 60 M. Weiter in Hellblau str, dabei in der 5. und 9. Rd immer 2 M re zusammenstricken = 15 M. Diese M mit dem Arbeitsfaden fest zusammenziehen.
Einen Pompon von ca. 6 cm Größe in Hellblau und Rauchblau anfertigen und an die Mützenspitze nähen.

Kleiner Schal
44 M in Jeansblau anschlagen und im Bündchenmuster II immer im Wechsel je 16 R in Jeansblau, Rauchblau, Weiß und Hellblau str. In 133 cm Höhe, nach 16 R in Jeansblau, alle M abketten.
2 Pompons anfertigen, die Schalenden in mehrere kleine Falten legen und die Pompons annähen.

Kleine Mütze
Für 43/47 cm Weite 96/104 M in Jeansblau anschlagen, die M auf das Nadelspiel Nr. 3$^1/_2$ verteilen und glatt re 10 Rd mit Nd 3$^1/_2$, dann 8/14 Rd mit Nd 4 in Jeansblau str. Weiter je 6 Rd in Rauchblau, Weiß, Hellblau und Rauchblau str. Dann in Mittelblau weiterarbeiten, dabei in der 2., in der 6. und in der 10. Rd immer 2 M re zusammenstricken, dann die restlichen 12/13 M mit dem Arbeitsfaden fest zusammenziehen.
Einen Pompon, 5 cm Durchmesser, in Hellblau und je einen Pompon, je 3 cm Durchmesser, in Weiß, Hellblau und Rauchblau anfertigen. Die kleinen Pompons mit unterschiedlich langen Kordeln, den großen Pompon direkt an die Mützenspitze nähen.

Handschuhe
48 M in Rauchblau anschlagen, die M auf das Nadelspiel Nr 3$^1/_2$ verteilen und im Bündchenmuster I je 3 Rd in Rauchblau, Jeansblau und Hellblau, insgesamt 12 cm hoch stricken.
Mit Nadeln Nr. 4 weiter den Handschuh glatt re in Rauchblau arbeiten. Die Finger abwechselnd in Hellblau und Jeansblau str, die letzten 6 Rd aller Finger in Rauchblau arbeiten.

Kinder-Fäustlinge: 38 M in Rauchblau anschlagen, die M auf das Nadelspiel Nr. 3$^1/_2$ verteilen und 8 cm im Bündchenmuster I str.
Mit Nadeln Nr. 4 weiter glatt re den Handschuh str, dabei immer im Wechsel je 4 Rd in Jeansblau, Hellblau und Rauchblau str. Nach 36 Rd die Bandabnahmen arbeiten. Den Daumen in Rauchblau beenden.

Norweger-Sterne

Ein beliebtes Motiv für winterliche Accessoires sind Norweger-Sterne. Die klassischen Farben dafür sind Natur mit Grau oder mit warmen Brauntönen.

Damit man bei Schals mit Jacquardmustern die Rückseite nicht sieht, werden sie doppelt gestrickt – entweder in Runden auf einem Nadelspiel oder in Reihen. Später wird der Schal der Länge nach zusammengenäht.
Eine tolle Idee ist auch der Taschenschal, bei dem nur die unteren Kanten im Jacquardmuster gestrickt sind. Achten Sie schon beim Stricken darauf, dass sich die Taschen später in der richtigen Höhe befinden: Sie müssen mit ausgestreckten Armen in die Taschen fassen können.
Bedenken Sie dabei auch, daß Schals meist einmal um den Hals geschlungen werden; dafür müssen Sie in der Länge etwa 60 cm hinzurechnen.

Schal und Handschuhe in Natur und Braun

Material: Schachenmayr-Garn, Qualität **Regia 6-fädig**, 75% Schurwolle, 25% Polyamid (Lauflänge ca. 125 m/ 50 g), für alle Teile 450 g in Natur Nr. 600 und 250 g in Braun Nr. 2140. Stricknadeln Nr. 3 und 3¹/₂, für die Handschuhe je ein Nadelspiel Nr. 3 und 3¹/₂, für die Mütze ca. 2,5 cm breites Gummiband.
Glatt re, Nadeln Nr. 3¹/₂: Hinr re M, Rückr li M, in Runden nur re M.
Maschenprobe: 26 M und 36 R = 10 x 10 cm.
Einstrickmuster: Glatt re nach der Strickschrift (rechts unten) str. 1 Kästchen = 1 M. Wenn in R gestrickt wird, die Randm immer mit beiden Fäden str.
Maschenprobe: 26 M und 29 R = 10 x 10 cm.
Bündchenmuster, Nadeln Nr. 3: 1 M re, 1 M li im Wechsel stricken.

Anleitung für den Schal
Für 23 cm fertige Breite 122 M in Natur anschlagen und 1 Rückr li M in Natur dann glatt re * je 2 R in Braun, Natur und Braun, 4 R in Natur, die 1. bis 23. R des Jacquardmusters nach der Strickschrift (= Randm, 5x der Rapport, Randm), 5 R in Natur str, ab * wdh = 38 R. In 172 cm Höhe, nach 7 R mit Streifen, alle M gerade abketten. Den Schal der Länge nach zur Hälfte zusammenlegen und die Längsnaht, dann die Schmalkanten schließen.

Anleitung für die Handschuhe
48 M in Natur anschlagen, die M auf das Nadelspiel Nr. 3 verteilen und 12 cm im Bündchenmuster str. Weiter mit Nadeln Nr. 3¹/₂ glatt re je 2 Rd in Natur, Braun, Natur, Braun und 4 Rd in Natur, dann nach der Strickschrift str = 2x der Rapport von 24 M. Über die Zunahmen des Daumens immer im Wechsel 1 M in Natur und 1 M in Braun str, den Daumenspickel und die Spitze in Natur arbeiten (ausführliche Anleitung Seite 56-59). Ab der 37. Rd die Abnahmen in jeder Rd wie gezeichnet arbeiten: am Anfang der 1. und der 3. Nadel die 2. M re abheben, die 3. M re str und die abgehobene M überziehen, bei der 2. und 4. Nadel die letzten 2 M re zusammenstricken. Die letzten je 4 M übereinander legen und im Maschenstich verbinden.

Bei Fausthandschuhen im Jacquardmuster können Sie für die Handflächen auch ein einfaches Muster, wie z. B. das Pünktchenmuster, stricken. Strick-Anfängerinnen sollten statt des „geformten" Daumens den geraden wählen (Seite 58/59).

Taschenschal, Handschuhe, Mütze in Natur und Rost

Material: Schachenmayr-Garn, Qualität **Extra**, 100% Schurwolle (Lauflänge ca. 125 m/50 g), für alle Teile 400 g in Natur Nr. 3502 und je 100 g in Beige Nr. 3599 und Rostbraun Nr. 3575.
Stricknadeln Nr. 3 und 3¹/₂, für Handschuhe und Mütze je ein Nadelspiel Nr. 3 und 3¹/₂, für den Schal 2 Knöpfe.
Jacquardmuster, Nadeln Nr. 3¹/₂: Glatt re = Hinr re M, Rückr li M (in Rd nur re M) nach der Strickschrift str. 1 Kästchen = 1 M. Wenn in Reihen gestrickt wird, die Randm immer mit beiden Fäden str. Nach der 1. R die 2. bis 23. R stets wiederholen.
Pünktchenmuster: 1 M in Farbe, 1 M in Natur im Wechsel str, in jeder R bzw. Rd die Farben versetzt stricken.
Maschenprobe: Im 26 M und 29 R = 10 x 10 cm.

Bündchenmuster, Nadeln Nr. 3 1/2: 1 M re, 1 M li im Wechsel stricken.
Maschenprobe: 36 M und 34 R = 10 x 10 cm.

Anleitung für den Schal
Für 20 cm Breite 53 M in Natur anschlagen und 2 cm im Bündchenmuster str, dabei nach 1 cm 1 Knopfloch einarbeiten. Dafür die 3 mittleren M abketten, die M in der nächsten R wieder neu anschlagen.
Weiter im Jacquardmuster wie folgt str: Randm und 1 M in Beige, 2x die 24 M des Rapports, 2 M und Randm in Beige. Nach der 1. R die 2. bis 23. R wdh, dabei immer im Wechsel mit Beige und Rostbraun str.
Nach 6 Sternen (133 R) weiter in Natur im Bündchenmuster str, dabei in der 1. R verteilt 22 M zunehmen = 75 M. Nach 65 cm ab Jacquardmuster die M stilllegen.
Die 2. Schalhälfte ebenso stricken.
Nun bei beiden Schalhälften jeweils die rechten und linken M auf je eine Hilfsnadel heben. Die Schals gegeneinander legen und zunächst die rechten M einer Seite im Maschenstich verbinden, dann das Teil wenden und die 2. Seite ebenso zusammennähen.

Anleitung für die Handschuhe
48 M in Natur anschlagen, die M auf das Nadelspiel Nr. 3 verteilen und 12 cm im Bündchenmuster str.
Weiter mit Nadeln Nr. 3 1/2 glatt re 2 Rd in Beige, dann über die M der Außenhand die 24 M nach der Strickschrift str, über die M der Innenhand im Pünktchenmuster str. Nach der 1. bis 23. R mit Beige die 2. bis 23. R mit Rostbraun noch 1x wiederholen.
Über die Zunahmen des Daumens immer im Wechsel 1 M in Natur und 1 M in Rostbraun str, die Farben in jeder Rd versetzen. Den Daumenspickel und die Spitze in Beige arbeiten.
Nach 46 Rd mit den Abnahmen für die Bandspitze beginnen. Dafür bei der 1. und 3. Nadel die 2. M re abheben, die 3. M re str und die abgehobene M überziehen, bei der 2. und 4. Nadel die letzten 2 M re zusammenstricken. Die Abnahmen in jeder Rd wiederholen, bis nur noch 8 M auf den Nadeln sind.
Diese M mit dem Arbeitsfaden fest zusammenziehen oder im Maschenstich verbinden.
Den 2. Handschuh gegengleich stricken.

Strickschrift für die Teile in Natur und Braun

◣ = 1 M re abheben, 1 M re str und die abgehobene M überziehen
◢ = 2 M re zusammenstricken

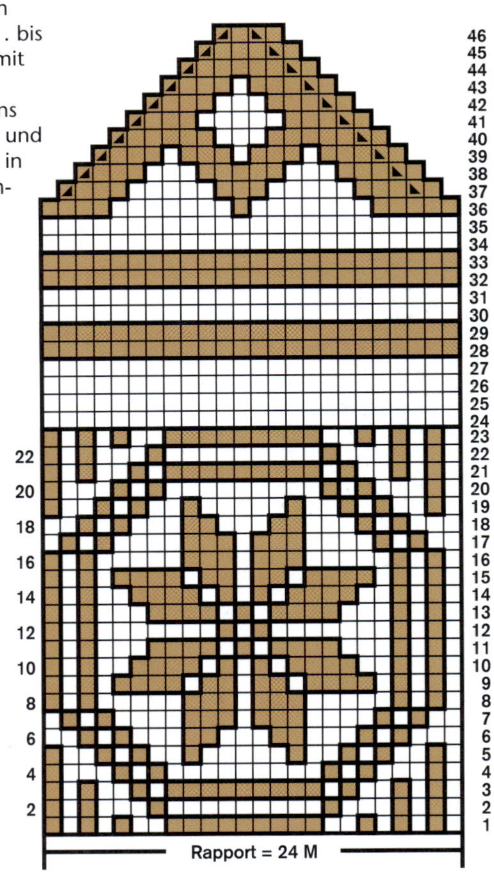

Strickschrift für Schal und Handschuhe in Natur und Beige/Rostbraun

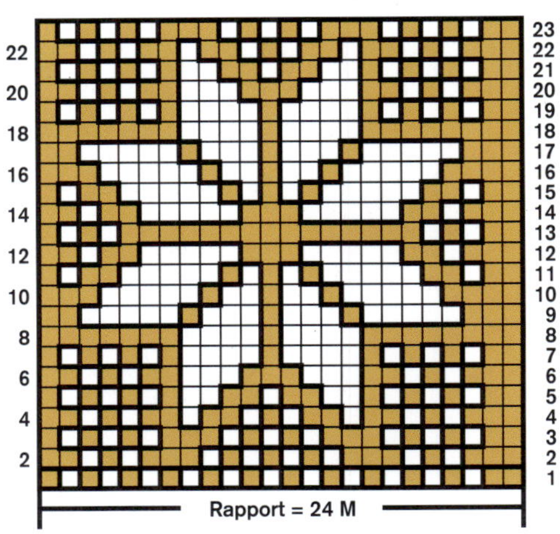

Jacquardmützen

Doppelt gut: Mützen im Jacquardmuster halten durch die Spannfäden auf der Rückseite der Arbeit natürlich auch doppelt warm. 50 g Garn pro Farbe reichen dabei aus, und das bedeutet, dass so eine Mütze an einem Abend fertig sein kann. Pompons oder Quasten geben ihr den letzten Pfiff.

Material: Schachenmayr-Garn Qualität Regia 6-fädig, 75% Schurwolle, 25% Polyamid (Lauflänge ca. 125 m/50 g), je 50 g in Schwarz Nr. 2066 und Blau Nr. 0614 bzw. Grün Nr. 0613; Qualität **Extra**, 100% Schurwolle (Lauflänge ca. 125 m/50 g): je 50 g in Schwarz Nr. 3521 und Rot Nr. 3504 bzw. Curry Nr. 3535. Je ein Nadelspiel Nr. $3\frac{1}{2}$ und 4.

Grundmuster, Nadeln Nr. 4: In Rd nur re M.

Maschenprobe: 22 M und 30 R = 10 x 10 cm.

Jacquardmuster, Nadeln Nr. 4: Glatt re nach der jeweiligen Strickschrift str. 1 Kästchen = 1 M.

Maschenprobe: 22 M und 26 R = 10 x 10 cm.

Bündchenmuster, Nadeln Nr. $3\frac{1}{2}$: 2 M re, 2 M li im Wechsel stricken.

Mütze in Schwarz und Grün

Anleitung: Für 51 cm Umfang 112 M mit Nadeln Nr. $3\frac{1}{2}$ in Schwarz anschlagen, die M auf 4 Nadeln des Nadelspiels verteilen und 3 cm im Bündchenmuster str.

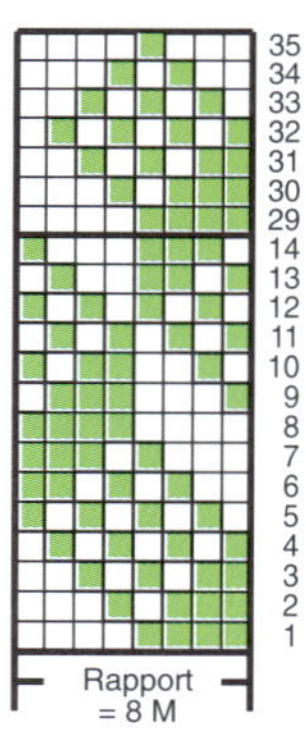

Glatt re mit Nadeln Nr. 4 weiter nach dem Schema str = 8x den Rapport von 14 M. Die 1. bis 14. R 2x str, dann die 29. bis 36. Rd arbeiten.

In 18 cm Höhe, nach 36 Rd Muster und 3 Rd in Schwarz 14x jede 7. und 8. M re zusammenstricken. An den gleichen Stellen die Abnahmen in jeder 2. Rd noch 6x wiederholen. Die restlichen 14 M mit dem Arbeitsfaden fest zusammenziehen.

Eine 15 cm lange Quaste in Schwarz und Grün anfertigen und locker an die Mützenspitze nähen.

Mütze in Schwarz und Rot

Anleitung: Für 54 cm Umfang 120 M mit Nadeln Nr. $3\frac{1}{2}$ in Schwarz anschlagen und die M auf 4 Nadeln des Nadelspiels verteilen. Für den Rollrand 5 cm glatt re str.

Im Jacquardmuster mit Nadeln Nr. 4 weiter nach dem Schema str = 12x den Rapport von 10 M.

In 18 cm Höhe, nach den 41 Rd im Muster weiter in Schwarz str. Nach 5 Rd 12x jede 9. und 10. M re zusammenstricken. An den gleichen Stellen die Abnahmen in jeder 2. Rd noch 10x wiederholen. In der folgenden Rd immer 2 M re zus-str, dann über die restlichen 6 M noch 6 Rd str. Die M mit dem Arbeitsfaden fest zusammenziehen.

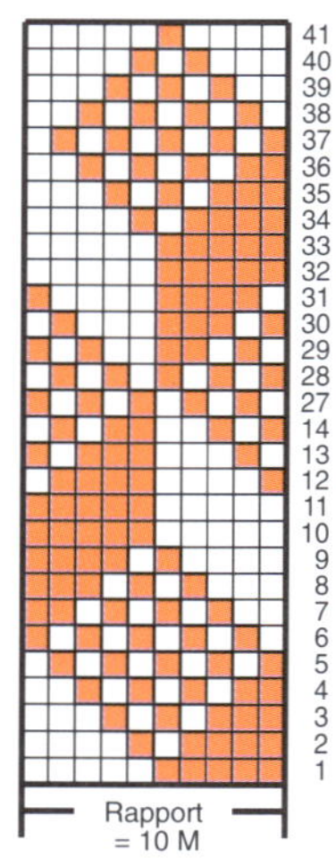

Mütze in Schwarz und Curry

Anleitung: Für 51 cm Umfang 112 M mit Nadeln Nr. 3½ in Schwarz anschlagen und die M auf 4 Nadeln des Nadelspiels verteilen. 3 cm im Bündchenmuster stricken.
Glatt re mit Nadeln Nr. 4 weiter nach dem Schema str = 8x den Rapport von 14 M. Nach der 1. und 2. Rd die 3. bis 14. Rd 2x str, dann die 27. bis 32. Rd arbeiten.
In 17 cm Höhe, nach 4 Rd in Schwarz, 8x jede 14. M markieren (= die M über den einzelnen curryfarbenen M) und an diesen Stellen die Abnahmen arbeiten. Dafür die markierte M und die davor liegende M zusammen re abheben, die folgende M re str und die abgehobenen M überziehen. Diese Abnahmen in jeder 2. Rd noch 5x wiederholen. Die restlichen 16 M mit dem Arbeitsfaden fest zusammenziehen. Einen großen Pompon in Schwarz anfertigen und an die Mützenspitze nähen.

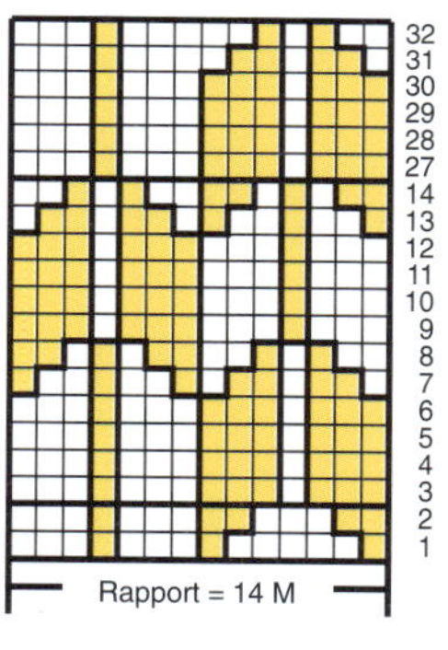

Mütze in Schwarz und Blau

Anleitung: Für 41/49 cm Umfang 90/108 M mit Nadeln Nr. 3½ in Schwarz anschlagen und die M auf 4 Nadeln des Nadelspiels verteilen.
3 cm im Bündchenmuster str.
Glatt re mit Nadeln Nr. 4 weiter 1 Rd in Schwarz und 29 Rd nach dem Schema str = 5/6x den Rapport von 18 M.
In 15/17 cm Höhe 10x/12x jede 9. M markieren (= die M oberhalb der letzten blauen M des Jacquardmusters) und an diesen Stellen die Abnahmen arbeiten.
Dafür die markierte M und die davor liegende M zusammen re abheben, die folgende M re str und die abgehobenen M überziehen. Diese Abnahmen in jeder 4. Rd noch 3x wiederholen. Die restlichen 10/12 M mit dem Arbeitsfaden fest zusammenziehen.
2 Pompons in Blau und 1 Pompon in Schwarz anfertigen und mit Kordeln an der Mützenspitze befestigen.

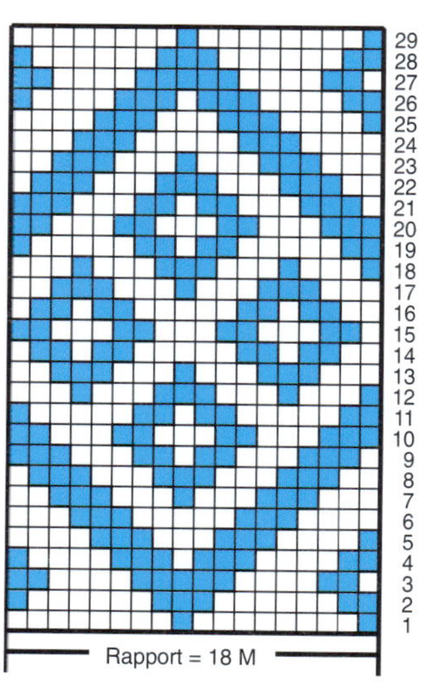

Tipp: Statt mit Rollrand oder einfachem Bündchen kann Ihre Mütze natürlich auch mit einer superbreiten doppelten Blende beginnen. Das sieht kuscheliger aus und hält auch wärmer, verdeckt aber einen Teil des Musters.

Superleicht und trotzdem kuschelwarm sind die Schals aus Mohair. Hüllen Sie sich ein mit Fantasie-Zopfmuster, patentem Wellenmuster oder mit einem „zackigen" Lochmuster.

Ganze 74 cm breit ist der rostfarbene Schal mit Zopfmuster. Wenn Sie es lieber schmaler mögen, lassen Sie einfach einen oder zwei Rapporte weg: 84 Maschen sind noch 42 cm, 44 Maschen (= einmal alle Maschen der Zeichnung) 22 cm breit. Ebenso können Sie beim etwa 62 cm breiten Patentmuster-Schal vorgehen: 1 Rapport = 18 Maschen = 10 cm. Bei jedem Rapport, den Sie weglassen, wird der Schal 10 cm schmaler.

Schal mit Zöpfen

Material: Schachenmayr-Garn, Qualität **Hair**, 65% Mohair, 35% Polyacryl (Lauflänge ca. 190 m/50 g), 400 g in Rost Nr. 14. Stricknadeln Nr. 7.
Grundmuster: Über 40 M nach der Strickschrift str. Es sind nur die Hinr gezeichnet, in den Rückr die M str, wie sie erscheinen. An beiden Kanten 2 M kraus re arbeiten.
Die 1. bis 6. R stets wiederholen.
Maschenprobe: 20 M = 12 cm breit, 20 R = 10 cm hoch.

Anleitung für den Schal: Für 74 cm Breite 124 M anschlagen und im Grundmuster nach der Strickschrift str = 2 Anfangs-M, 3x der Rapport von 40 M, 2 End-M.
In 240 cm Höhe alle M abketten.

Anleitung für eine zum Schal passende Mütze (ohne Abb.): Für 52 cm Kopfumfang 92 M anschlagen, 4 R re M und 1 Rückr wie folgt str: Randm, * 1 M re, 16 M li, 1 M re, ab * wdh, Randm. Dann die 1. bis 6. R nach der Strickschrift für die Mütze stets wdh. In 19 cm Höhe (= nach 36 R) für die Abnahmen die 7. bis 11. R arbeiten. In der 11. R zusätzlich die Randm abketten. Die restlichen 45 M mit einem stärkeren Faden fest zusammenziehen, die Naht schließen.

Strickschrift für den Schal mit Zöpfen

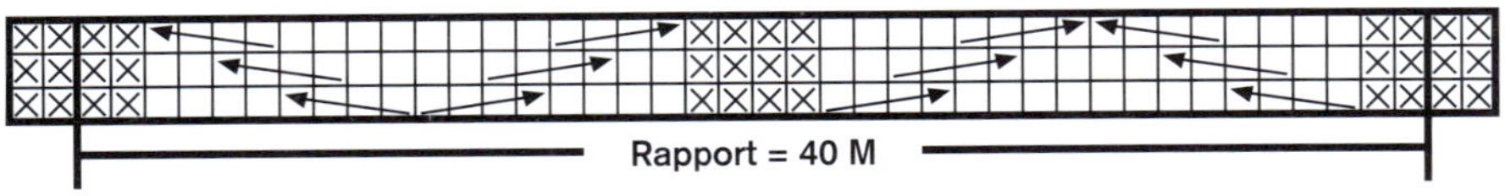

Strickschrift für die Mütze mit Zöpfen

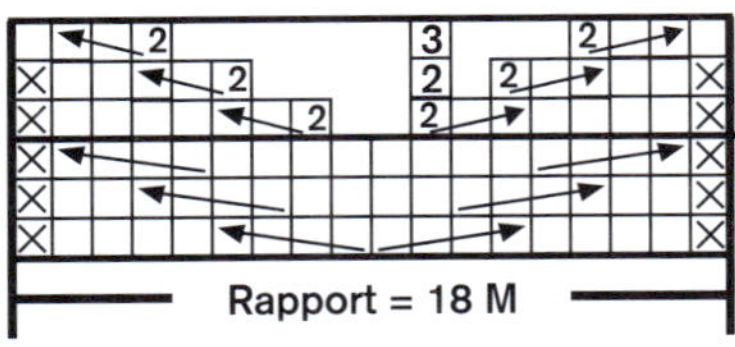

□ = re M
☒ = kraus re (= Hinr und Rückr re M)
= 2 M mit einer Hilfsnadel vor die Arbeit legen, 2 M re, dann die M der Hilfsnadel re str
= 2 M mit einer Hilfsnadel hinter die Arbeit legen, 2 M re, dann die M der Hilfsnadel re str
= 2 M mit einer Hilfsnadel vor die Arbeit legen, 2 M re zusammenstricken, dann die M der Hilfsnadel re str
= 2 M mit einer Hilfsnadel hinter die Arbeit legen, 2 M re str, dann die M der Hilfsnadel re zusammenstricken
2 = 2 M re zusammenstricken
3 = 3 M re zusammenstricken

Schals mit Lochmuster

Die Angaben für den schmalen Schal stehen vor dem Schrägstrich, die für den breiten Schal dahinter.
Material: Schachenmayr-Garn, Qualität **Hair**, 65% Mohair, 35% Polyacryl (Lauflänge ca. 190 m/50 g), 100 g in Ocker Nr. 18 bzw. 200 g in Rost Nr. 14. Stricknadeln Nr. 5.

Strickschrift I

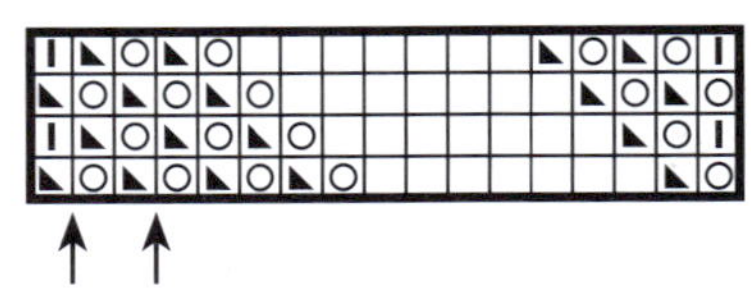

Strickschrift II

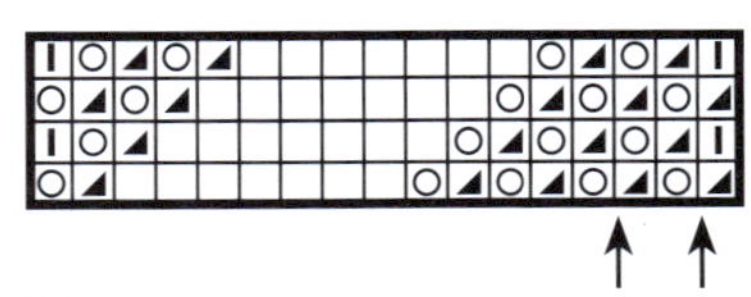

□ = re M
◪ = 2 M re zusammenstricken
◩ = 1 M re abheben, 1 M re str und die abgehobene M überziehen
⊙ = 1 Umschlag
I = re M anstelle des Musters

Kraus li: Jede R li str.
Grundmuster: Gezeichnet ist jeweils nur der Beginn der ersten 7 Hinreihen. In den Rückr alle M li str.

Bei **Strickschrift I** das Lochmuster über 33/45 M wie gezeichnet beginnen, die 2 M zwischen den Pfeilen wdh und so das Muster in jeder 2. R um 1 M nach links versetzen.
Bei **Strickschrift II** für das Lochmuster über 33/45 M die 1. M der Zeichnung str, dann die 2 M zwischen den Pfeilen 9/15x str, mit den letzten 14 M enden und so das Muster in jeder 2. R um 1 M nach rechts versetzen.
Maschenprobe: 18 M und 26 R = 10 x 10 cm.

Anleitung: Für 22 cm Breite 41 M in Ocker, für 32 cm Breite 59 M in Rost anschlagen, 8/10 R kraus li str, dann 46/70 R nach Strickschrift I wie folgt arbeiten: Randm, 3/6 M kraus li, 33/45 M Lochmuster, 3/6 M kraus li, Randm.

Lochmuster-Schal
Hier wird statt kraus rechts kraus links gestrickt! Bei dem Lochmuster wird so das Stricken erleichtert – man muss in den Rückreihen nicht aufpassen, welche Maschen rechts und welche links sein müssen: hier werden alle Maschen links gestrickt.

In der 3., 7., 11. R usw. jeweils die 1. und die letzte der 33/45 M re str, die übrigen M im Lochmuster. Das Lochmuster nach links versetzen, bis (nach 46/70 R) an der linken Kante neben den krausen M nur noch 2 M im Lochmuster gestrickt werden.
Dann über alle M 8/10 R kraus li str.
Bei den folgenden 46/70 R das Muster gegengleich str, d. h. die 1. R wie folgt beginnen: Randm 3/6 kraus li M, 33/45 M nach Strickschrift II, 3/6 M kraus li, Randm.
Diese 108/160 R insgesamt 3x/3,5x str, noch 8/10 R kraus li str und die M locker abketten = 332 R bzw. 127 cm/ 570 R bzw. 219 cm.

Strickschrift für den Patentmuster-Schal

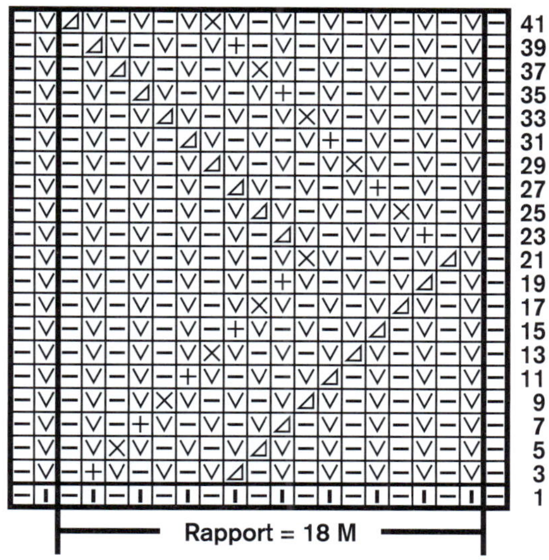

☐ = re M
⊟ = li M
☑ = 1 tiefer gestochene M (dafür 1 R tiefer in die M der Vorr einstechen und re abstricken, die M darüber löst sich auf)
⊞ = 1 M re verschränkt aus dem Querfaden zunehmen
⊠ = 1 M li verschränkt aus dem Querfaden zunehmen
◿ = 2 M li zusammenstricken

Patentmuster-Schal

Material: Schachenmayr-Garn, Qualität **Hair**, 65% Mohair, 35% Polyacryl (Lauflänge ca. 190 m/50 g), 400 g in Grün Nr. 70. Stricknadeln Nr. 6.
Grundmuster: Siehe Strickschrift. Es sind nur die Hinr gezeichnet, in den Rückr die M str, wie sie erscheinen, oder alle M rechts stricken.
Nach den ersten 2 R die 3. bis 42. R stets wiederholen.
Maschenprobe: 18 M und 26 R = 10 x 10 cm.

Anleitung: Für 62 cm Breite 113 M anschlagen und im Grundmuster nach der Strickschrift str = Randm, 1 Anfangs-M, 6x der Rapport , 2 End-M, Randm. Die Randm in jeder R links str und fest anziehen.
In 240 cm Höhe alle M abketten.

Weiches, voluminöses Bouclégarn drängt sich für Mützen und Schals geradezu auf. Die Sachen sind kuschelig warm und sehr schnell fertig.

Bei Bouclégarn lohnen sich keine aufwendigen Muster. Schmale und breite Schals im Rippenmuster, ein großes Kuscheltuch im Lochmuster, dazu passende Mützen und Handschuhe mit Boucléstulpen – hier können sich auch ganz ungeübte Strickerinnen problemlos ins Strickvergnügen stürzen.

Material für alle Teile: Schachenmayr-Garn, Qualität **Persia**, 50% Polyacryl, 25% Schurwolle, 18% Mohair, 7% Polyester (Lauflänge ca. 90 m/50 g) in den angegebenen Mengen und Farben.

Schmale Schals

100 g in Schwarz Nr. 99 bzw. Rot Nr. 30. Stricknadeln Nr. 6.
Grundmuster: 2 M re, 2 M li im Wechsel stricken.
Maschenprobe: 13 M und 20 R = 10 x 10 cm.

Anleitung: Für 20 cm Breite 26 M in Schwarz, für 15 cm Breite 20 M in Rot anschlagen und 120 cm im Grundmuster str. Dann die M abketten.

Kindermütze

Je 50 g in Rot Nr. 30 und Natur Nr. 02. Stricknadeln Nr. 5.
Grundmuster: Glatt re = Hinr re M, Rückr li M; in Runden nur re M.
Maschenprobe: 13 M und 20 R = 10 x 10 cm.

Anleitung: Für 40 cm Kopfumfang 52 M in Rot anschlagen, die M auf das Nadelspiel verteilen und glatt re 3 Rd in Rot und je 4 Rd in Natur, Rot und Natur str. Dann in Rot weiterarbeiten. In 13 cm Höhe und dann nach je 5 Rd immer je 2 M re zusammenstricken. Über die letzten 13 M noch 20 cm gerade hoch stricken, dann die M mit dem Arbeitsfaden fest zusammenziehen. Den Zipfel locker verknoten.

Damenmützen

Je 50 g in Petrol Nr. 65 und Natur Nr. 02 bzw. Natur Nr. 02 und Schwarz Nr. 99 bzw. Pink Nr. 34 und Schwarz Nr 99. Stricknadeln Nr. 5.
Grundmuster: Glatt re = in Runden nur re M.
Maschenprobe: 13 M und 20 R = 10 x 10 cm.
Bündchenmuster: 2 M re, 2 M li im Wechsel stricken.

Anleitung für die Mütze in Natur und Schwarz
Für 53 cm Umfang 68 M in Natur anschlagen, die M auf das Nadelspiel verteilen, glatt re 10 Rd in Natur, dann im Wechsel 2 Rd in Schwarz und 6 Rd in Natur str.
In 22 cm Höhe und dann nach je 4 Rd immer je 2 M re zusammenstricken.
Die restlichen 17 M mit dem Arbeitsfaden fest zusammenziehen.
Einen kleinen Pompon in Natur anfertigen und an die Mützenspitze nähen.

Anleitung für die Mütze in Petrol und Natur
Für 53 cm Weite 70 M in Petrol anschlagen, die M auf das Nadelspiel verteilen und 10 cm im Bündchenmuster arbeiten.
Gatt re weiter 9 cm in Natur, dann die Zacken str. Dafür die 8. M, dann jede 14. M in Petrol str. Die petrolfarbenen Zacken in jeder 2. Rd beidseitig um je 1 M erweitern, bis alle M in Petrol gestrickt werden. Weiter in Petrol arbeiten, dabei in der 3. und in der 9. Rd immer 2 M re zusammenstricken.
Noch 1 Rd re M str, dann die restlichen 18 M mit dem Arbeitsfaden fest zusammenziehen.

Anleitung für die Mütze in Schwarz und Pink (Seite 25)
Für 53 cm Umfang 68 M in Schwarz anschlagen, die M auf das Nadelspiel verteilen und 10 cm im Bündchenmuster str. Weiter glatt re 15 cm in Pink str.
Dann 4 Rd in Schwarz und 6 Rd in Pink str, dabei in der 4. schwarzen und in der 6. pinkfarbenen Rd zwischen den Randm immer 2 M re zusammenstricken. Über die restlichen 17 M noch 20 cm in Schwarz gerade hochstricken, dann die M mit dem Arbeitsfaden fest zusammenziehen. Die Naht schließen. Das Mützenende verknoten.

Petrolfarbenes Schultertuch

450 g in Petrol Nr. 65.
Stricknadeln Nr. 7.
Grundmuster: Siehe Strickschrift. Gezeichnet sind nur die Hinr, in den Rückr alle M und Umschläge li str. Nach den ersten 2 M den ersten Rapport von 2 M bis vor die Mitte stets wdh, dann die 5 Mittelm str, danach den zweiten Rapport von 2 M wdh, mit den letzten 2 M enden. Ab der 4. R werden in jeder Hinreihe beidseitig der Mittelmasche je 1 M zugenommen.
Die 4. bis 7. R stets wiederholen.
Maschenprobe: 10 M und 15 R = 10 x 10 cm.

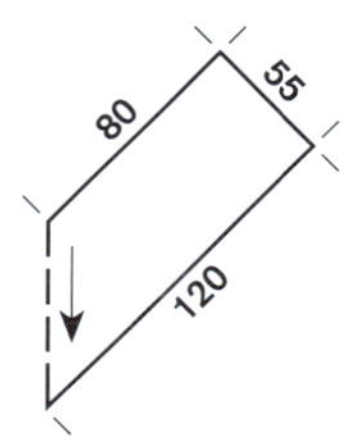

Anleitung: Das Tuch wird von der inneren zur äußeren Kante gestrickt (siehe Schnittschema).
Für 2x 80 cm Breite 161 M anschlagen und im Grundmuster str. In 55 cm Höhe alle M abketten.
Für die Fransen 30 cm lange Fäden schneiden und je 3 Fäden an alle äußeren Schalenden knüpfen.

Strickschrift für das Grundmuster

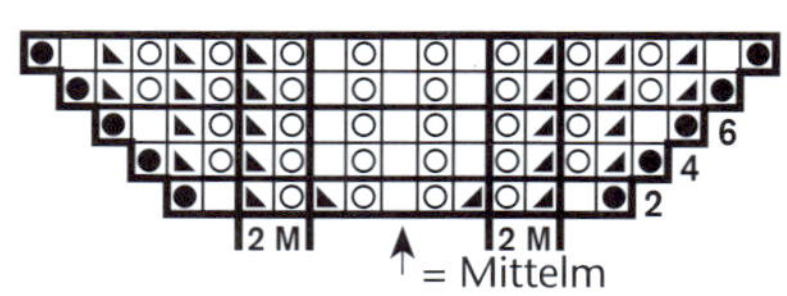

● = Randm
□ = re M
◎ = Umschlag
◢ = 2 M re zusammenstricken
◣ = 1 M re abheben, 1 M re str und die abgehobene M überziehen

Handschuhe

Je 50 g oder Reste in Schwarz Nr. 99 und Pink Nr. 34 sowie Qualität **Extra**, 100% Schurwolle (Lauflänge ca. 125 m/50 g), 50 g in Schwarz Nr. 99 bzw. Petrol Nr. 65.

Je 1 Nadelspiel Nr. 4 und 5.
Grundmuster: Glatt re = Hinr re M, Rückr li M; in Runden nur re M.
Maschenprobe: Mit Qualität **Extra** 22 M und 30 R = 10 x 10 cm.

Anleitung: 28/30/30/32 M mit Nadeln Nr. 5 in Schwarz anschlagen, die M auf das Nadelspiel verteilen und 1 Rd in Schwarz, 2 Rd in Pink, 2 Rd in Schwarz, 4 Rd in Pink, 2 Rd in Schwarz und 6 Rd in Pink bzw. 10 cm in Schwarz str, dann mit Qualität Extra und Nadeln Nr. 4 nach der Anleitung für die Handschuhe (Seite 56) weiterarbeiten, dabei in der 1. Rd der Größe entsprechend die M re verschränkt aus dem Querfaden zunehmen.
Den 2. Handschuh gegengleich str.

Pinkfarbener Schal

450 g in Pink Nr. 34.
Stricknadeln Nr. 6.
Grundmuster: 2 M re, 2 M li im Wechsel stricken.
Maschenprobe: 13 M und 20 R = 10 x 10 cm.

Anleitung: Für 50 cm Breite 66 M anschlagen und 190 cm im Grundmuster str. Für die Fransen 30 cm lange Fäden schneiden und jeweils 4 Fäden an jede rechte Rippe der Schalenden knüpfen. Je 4 Fäden von 2 nebeneinanderliegenden Fransenbüscheln im Abstand von ca. 2 cm noch einmal verknoten.

Hier ist alles quer gestrickt. Die Plastizität entsteht bei Schals und Mützen durch glatt rechts und glatt links gestrickte Streifen.

Quer gestrickte Schals und Mützen

Material: Schachenmayr-Garn, Qualität **Astrakan,** 42% Schurwolle, 42% Polyacryl, 16% Polyester (Lauflänge ca. 130 m/50 g): für die **Schals**: 300 g in Schwarz Nr. 99, 100 g in Cointreau Nr. 28 bzw. 150 g in Oliv Nr. 75 und 100 g in Khaki Nr. 76; für die **Mützen**: je 50 g in Schwarz Nr. 99 bzw. Cointreau Nr. 28 bzw. je 50 g in Schwarz Nr. 99 und Khaki Nr. 76 bzw. 100 g in Oliv Nr. 75 und 50 g in Khaki Nr. 76. Für die Schals Stricknadeln Nr. 4 1/2-5, für die Mützen Stricknadeln Nr. 4.

Grundmuster:
1. bis 8. R: Glatt links in Oliv bzw. Schwarz.
9. bis 12. R: Glatt re in Khaki bzw. Cointreau.
13. bis 20. R: Glatt links in Oliv bzw. Schwarz, die 1. Hinr rechts str.
21.bis 24. R: Glatt re in Khaki bzw. Cointreau.
Nach der 1. bis 10. R die 13. bis 24. R wiederholen.

Maschenprobe: Mit Nadeln Nr. 4 1/2-5: 14 M und 24 R, mit Nadeln Nr. 4: 16 M und 27 R = 10 x 10 cm.

Anleitung für die Schals
Für 200 cm Schallänge 280 M in Oliv bzw. Schwarz locker anschlagen, im Grundmuster stricken.
Für den **Schal mit Oliv** in 33 cm Höhe, nach 80 R bzw. 8 R in Oliv, alle M locker abketten.
Aus den Seitenkanten 32 M in Oliv aufnehmen und 4 R glatt links str, dann die M locker abketten. Die Kante zur Hälfte umnähen.

Noch ein Tipp für den Schal in Schwarz/Cointreau und für die Mützen in Schwarz/Khaki und Schwarz/Cointreau: Da die Maschen am Schalende bzw. an der Mützenspitze später zusammengezogen werden, können Sie bei jedem Farbwechsel die Fäden fest anziehen – dann müssen sie später nicht vernäht werden.

Für den **Schal mit Schwarz** in 53 cm Höhe, nach 128 R bzw. 8 R in Schwarz, alle M locker abketten.
20 Quasten von ca. 10 cm Länge (8 bis 10 zusammengelegte Fäden) anfertigen und an die Schmalkanten nähen, dabei die letzte M des einen und die 1. M des folgenden schwarzen Streifens erfassen und zusammenziehen.

Anleitung für die Mützen
Für die **Mütze in Schwarz/Cointreau** (21 cm Mützenhöhe) 34 M in Schwarz locker anschlagen und im Grundmuster str. In 62 cm Höhe, nach 4 R in Cointreau, die M locker abketten.
Für die **Mütze in Schwarz/Khaki** 48 M in Schwarz locker anschlagen. Nun über die ersten 30 M wie beschrieben, über die folgenden 18 M gegengleich str, sodass nach dem Umschlagen des Randes das Muster wie beim oberen Mützenteil erscheint; d. h. die schwarzen Streifen glatt re, die khakifarbenen Streifen glatt li str, die 1. Hinr jedes neuen Streifens re str.
In 62 cm Höhe, nach 4 R in Khaki, die M locker abketten.
Die Mützen an Anschlag- und Abkettreihe zusammennähen, bei der Mütze mit Umschlag bei den letzten 11 cm die Naht an der Außenseite arbeiten.
An der Mützenspitze einen festen Faden durch die Randmaschen der schwarzen Streifen ziehen (die Streifen in Cointreau bzw. Khaki übergehen). Den Faden fest anziehen und vernähen. Nach Wunsch eine dicke Quaste von ca. 10 bzw. 15 cm Länge anfertigen und an die Mützenspitze nähen.
Bei der Mütze mit Cointreau die Kante mit 1 Rd Krebsmaschen (= feste M von li nach re) in Schwarz umhäkeln.
Die **Mütze in Khaki/Oliv** wie die Mütze in Schwarz/Khaki arbeiten, jedoch 66 M in Oliv anschlagen und die Streifen über 48 M wie beschrieben, über die übrigen 18 M gegengleich str.
Eine 50 cm lange Kordel anfertigen und die Mütze ca. 10 cm vom oberen Rand entfernt fest abbinden.

Aus einzelnen Rhomben

1 = Rotbraun
2 = Helloliv
3 = Dunkeloliv
4 = Ocker
5 = Natur

Insgesamt 156 einzelne Rhomben brauchen Sie für diesen Traumschal. Er ist aus weichem Bouclégarn in fünf verschiedenen Farben gestrickt. Ein solches Tuch ist hervorragend zur „Resteverwertung" geeignet – die einzelnen Garne müssen nur etwa die gleiche Stärke bzw. Lauflänge haben.

Material: Schachenmayr-Garn, Qualität **Astrakan**, 42% Schurwolle, 42% Polyacryl, 16% Polyester (Lauflänge ca. 130 m/50 g), je 150 g in Helloliv Nr. 76, Dunkeloliv Nr. 75, Ocker Nr. 28 und Natur Nr. 02 und 100 g in Rotbraun Nr. 10. Stricknadeln Nr. 4.
Grundmuster: Die einzelnen Rhomben nach der Strickschrift str. Es sind nur die Hinr gezeichnet, in den Rückr alle M und Umschläge li str. 1 Kästchen = 1 M. Nach der 39. R die restlichen 3 M in der Rückr abketten.
Maschenprobe: 1 Rhombus = ca. 10 cm breit und 15 cm hoch.

Anleitung: 156 Rhomben str = 24 in Rotbraun, 33 in Helloliv, 29 in Dunkeloliv, 35 in Ocker und 35 in Natur. Die einzelnen Rhomben nach Wahl oder nach dem Schema zusammennähen.

Strickschrift für das Grundmuster

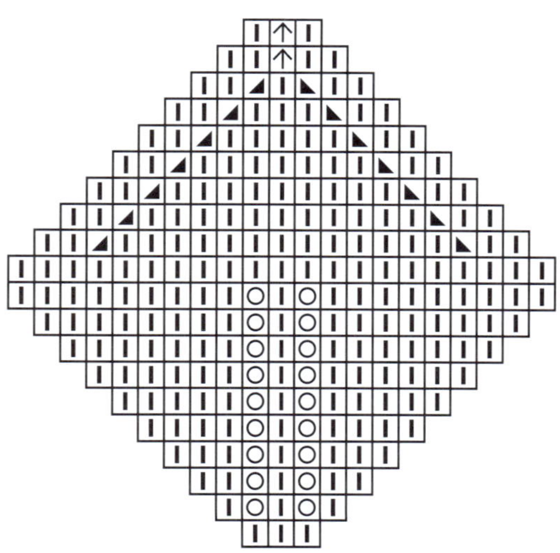

39
37
35
33
31
29
27
25
23
21
19
17
15
13
11
9
7
5
3
1

I = re M
O = Umschlag
◢ = 2 M re zusammenstricken
◣ = 1 M re abheben, 1 M re str und die abgehobene M überziehen
↑ = 2 M zusammen wie zum Rechtsstricken abheben, 1 M re str und die abgehobenen M überziehen

Jedes Jahr kommt die Mode mit neuen Farbtrends. Schwarz und Weiß mischen dabei jedoch immer mit. Deshalb sind diese Accessoires die idealen Begleiter für viele Jahre.

Baskenmützen, Schals und Fingerhandschuhe – alles in Schwarz, Weiß und Meliert. Der einfarbige schwarze Schal erhielt als kleinen Blickfang „melierte" Fransen. Beim Streifenschal sind die Längskanten durch Rollränder verdeckt. Dafür werden an beiden Seiten immer 5 Maschen glatt rechts in Meliert gestrickt, bei den Streifen wird dabei mit Fädenverkreuzen gearbeitet.
Die hier abgebildeten Baskenmützen zeigen Farbflächen und Streifen; wie Sie einfarbige Mützen „aufpeppen" können, sehen Sie auf den folgenden Seiten.

Schals

Material: Schachenmayr-Garn, Qualität **Regia 6-fädig**, 75% Schurwolle, 25% Polyamid (Lauflänge ca. 125 m/50 g), für den schwarzen Schal: 350 g in Schwarz Nr. 2066; für den Schal mit Streifen: 200 g in Schwarzweiß meliert Nr. 2068, 150 g in Schwarz und 50 g in Natur Nr. 600. Stricknadeln Nr. 4.
Rippenmuster: 1 M re, 1 M li im Wechsel stricken.
Maschenprobe: 32 M und 30 R = 10 x 10 cm.
Glatt re: Hinr re M, Rückr li M.

Anleitung für den schwarzen Schal
Für 28 cm Breite 91 M in Schwarz anschlagen und im Rippenmuster str. In 160 cm Höhe alle M fest abketten.

Ca. 30 cm lange Fäden in Schwarz, Weiß und Meliert schneiden und in die Schalenden einknüpfen, nach Wunsch mehrfach verknoten.

Anleitung für den Schal mit Streifen
Für 30 cm Breite 101 M in Meliert anschlagen. Über die ersten und letzten 5 M immer glatt re in Meliert str, diese M fest anziehen. Über die 91 mittleren M im Grundmuster in der Streifenfolge str, beim Farbwechsel die Fäden auf der Rückseite der Arbeit verkreuzen.
Streifenfolge: 10 R (= 3 cm) in Meliert, * 4x: (4 R in Schwarz, 4 R in Natur), 4 R in Schwarz, 50 R (= 16 cm) in Meliert, 4x: (8 R in Schwarz, 2 R in Natur), 8 R in Schwarz, 50 R in Meliert (= 184 R), ab * wiederholen.
In 174 cm Höhe, nach 10 R in Meliert, alle M fest abketten.

Baskenmützen

Material: Schachenmayr-Garn, Qualität **Regia 4-fädig**, 75% Schurwolle, 25% Polyamid (Lauflänge ca. 210 m/50 g), für die einfarbigen Mützen 150 g in Schwarz Nr. 2066;
für die Mütze mit Streifen je 50 g in Schwarz Nr. 2066, Schwarzweiß meliert Nr. 2068 und Natur Nr. 600;
für die zweifarbige Mütze je 100 g in Schwarz Nr. 2066 und Schwarzweiß meliert Nr. 2068.
Stricknadeln Nr. 2½ und 3, Gummiband in der Länge des Kopfumfangs.
Grundmuster, Nadeln Nr. 3: Glatt re = Hinr re, Rückr li M.
Maschenprobe: 30 M und 42 R = 10 x 10 cm.

Anleitung für die schwarze Mütze
146 M in Schwarz anschlagen und für das doppelte Bündchen 6 R glatt re, dann für die Bruchkante 1 Hinr linke M und noch 6 R glatt re str.
Weiter 2 R re M str. In der 3. R nach der Randm 12x jede 12. M markieren und vor den markierten M je 1 M re verschränkt aus dem Querfaden zunehmen. Diese Zunahmen in jeder 4. R 7x wiederholen = 242 M nach 34 R.
In der 37. R mit den Abnahmen beginnen. Dafür zwischen den Randm 6x jede 40. M markieren und die markierte M mit der davor liegenden M re zusammenstricken. Diese Abnahmen in jeder 2. Rd 8x wiederholen = 188 M

Für saubere Ränder müssen bei Schals normalerweise für jeden Streifen zwei Fäden vernäht werden. Das ist ziemlich mühselig, besonders bei vielen schmalen Streifen. Stricken Sie stattdessen in der Hauptfarbe des Schals beidseitig je 5 bis 6 Maschen über die gesamte Länge glatt rechts. Diese schmalen Blenden rollen sich so über die Kanten, dass sie die Randmaschen der Innenseite überdecken. Zur Sicherheit können sie auch mit Steppstichen umgenäht werden.

nach 54 R. Dann die Abnahmen in jeder Rd arbeiten (in den Rückr die entsprechenden 2 M li zusammenstricken) = 8 M nach 84 R.
Über diese 8 M noch 2 cm glatt re mit Nd 2½ str, dann die Randm abketten und die M mit dem Arbeitsfaden fest zusammenziehen.
Die Naht schließen, den Saum nach innen umnähen, dabei das Gummiband einziehen.

Anleitung für die Mütze mit Streifen
Wie die schwarze Mütze str, jedoch den Saum und 36 R in Schwarz, dann 2x je 2 R in Natur und Schwarz, 22 R in Meliert, dann weiter in Schwarz arbeiten. Die Abnahmen also in der 1. naturfarbenen R beginnen.

Anleitung für die zweifarbige Mütze
Wie die schwarze Mütze stricken, jedoch nach dem Saum die Randm und 24 M in Schwarz, je 24 M in Meliert, Schwarz, Meliert und Schwarz, 24 M und Randm in Meliert. Dabei mit verschiedenen Knäueln arbeiten und bei jedem Farbwechsel die Fäden auf der Rückseite der Arbeit verkreuzen.

Fingerhandschuhe

Eine ausführliche Anleitung für Handschuhe finden Sie auf Seite 56-59.
Material: Schachenmayr-Garn, Qualität **Regia 4-fädig**, 75% Schurwolle, 25% Polyamid (Lauflänge ca. 210 m/50 g), für jedes Paar je 50 g in Schwarz Nr. 2066, Schwarzweiß meliert Nr. 2068 und Natur Nr. 600.
Je 1 Nadelspiel Nr. 2½ und 3.
Glatt re, Nadeln Nr. 3: Hinr re M, Rückr li M, in Rd nur re M.
Maschenprobe: 30 M und 42 R = 10 x 10 cm.
Bündchenmuster, Nadeln Nr. 2½: 1 M re, 1 M li im Wechsel stricken.

Pompons und Perlenschnüre sind nur zwei Ideen zum Verzieren von einfarbigen Baskenmützen. Als weitere Varianten können Sie – unregelmäßig verteilt oder grafisch angeordnet – auch Perlmutt- oder bunte Holzknöpfe, Pailletten oder Strasssteine, Kordeln oder Strickschnüre aufnähen.

Anleitung für Handschuhe mit melierten Fingern
60 M in Schwarz anschlagen, die M auf das Nadelspiel verteilen und 12 cm im Bündchenmuster stricken. Glatt re weiter 2 Rd in Schwarz str, dann mit dem Daumenspickel beginnen.
4 Rd nach den Aufnahmen für den Daumensteg weiter je 8 Rd in Natur und Schwarz und 1 Rd in Meliert str. Die Finger in Meliert, den Daumen in Schwarz stricken.

Anleitung für Handschuhe mit schwarzen Fingerkuppen
60 M in Schwarz anschlagen, die M auf das Nadelspiel verteilen und 12 cm im Bündchenmuster stricken. Glatt re weiter 2 Rd in Schwarz str, dann mit dem Daumenspickel beginnen.
Weiter je 4 Rd in Schwarz, Natur, Schwarz und Natur, 8 Rd in Schwarz und 1 Rd in Meliert str, dann den Daumensteg stricken. Weiter die Hand und je 2,5 cm der Finger und des Daumens in Meliert, die Finger- und Daumenspitzen in Schwarz stricken.

Bunte Biesen

Handschuhe, Mützen und Schals in Schwarzweiß meliert haben hier einen besonderen Blickfang: bunte Biesen.

Die glatt rechts gestrickten Biesen sind aus dünnerem Garn, beim Schal gehts mit dickerem Garn im Rippenmuster weiter. So passen auch die Maschenproben wieder zusammen. Bei den Handschuhen werden für die Schrägung der Stulpen bei jeder Biese einige Maschen abgenommen. Damit die Handschuhe dann noch besser passen, werden nach den Biesen einige Zentimeter im Rippenmuster gestrickt.
Sehr witzig sind auch die kleinen Mützen, mal mit vier Biesen wie hier, mal mit Zacken, wie auf Seite 37.
Übrigens: Bei den Mützen können Sie in die erste Biese auch ein Gummiband einziehen. In diesem Fall müssen Sie für das Einzugsloch einige Maschen offen lassen, also die Maschen der linken Nadel nicht mit den aufgenommenen Maschen der Anschlagkante zusammenstricken.

Schal mit Biesen

Material: Schachenmayr-Garn, Qualität **Regia 6-fädig**, 75% Schurwolle, 25% Polyamid (Lauflänge ca. 125 m/ 50 g), 350 g in Schwarz-Weiß meliert Nr. 2068; **Regia 4-fädig**, 75% Schurwolle, 25% Polyamid (Lauflänge ca. 210 m/50 g) je 50 g in Rot Nr. 2054, Grün Nr. 626, Gelb Nr. 2041 und Blau Nr. 1988.
Stricknadeln Nr. $2^1/_2$ und $4^1/_2$.
Glatt re, Nadeln Nr. $2^1/_2$: Hinr re M, Rückr li M.
Maschenprobe: Mit Regia 4-fädig: 30 M und 42 R = 10 x 10 cm.
Rippenmuster, Nadeln Nr. $4^1/_2$: 1 M re, 1 M li im Wechsel stricken.
Maschenprobe: Mit Regia 6-fädig: 30 M und 30 R = 10 x 10 cm.

Anleitung
Zunächst die Biesen str. Für 34 cm Breite 103 M in Rot anschlagen und glatt re 16 R str, die 1. R ist eine Rückr. Nun die M der Anschlag-R auf eine dünne Hilfsnadel heben, das Teil links auf links zusammenlegen und in der folgenden Rückr immer 1 M jeder Nd li zusammenstricken. Dann noch 8 R glatt re str. * 17 R in Grün str, in der folgenden Rückr vor jeder M den Querfaden der letzten roten R auf die linke Nadel heben und mit der folgenden M li zusammenstricken, dann 8 R in Grün str, ab * noch einmal in Gelb str, danach 18 R in Blau arbeiten. Nach dem Zusammenstricken der M im Rippenmuster in Meliert 145 cm gerade hoch stricken. Die M stilllegen.
Für das zweite Schalende die vier Biesen ebenso stricken.
Das Teil mit dem blauen Faden im Maschenstich an den Schal nähen.

Fingerhandschuhe mit roten Zacken

Material: Schachenmayr-Garn, Qualität **Regia 4-fädig**, 75% Schurwolle, 25% Polyamid (Lauflänge ca. 210 m/ 50 g) je 50 g in Schwarzweiß meliert Nr. 2068, Schwarz Nr. 2066, Rot Nr. 2054, Grün Nr. 626, Gelb Nr. 2041, Blau Nr. 1988. Nadelspiel Nr. $2^1/_2$.
Glatt re, Nadeln Nr. $2^1/_2$: Hinr re M, Rückr li M, in Rd nur re M.
Maschenprobe: 30 M und 42 R = 10 x 10 cm.
Zackenmuster: Glatt re nach der Strickschrift str. Es ist jede Rd gezeichnet, 1 Kästchen = 1 M.
Rippenmuster: 1 M re, 1 M li im Wechsel stricken.

Anleitung
Für die Manschette 75 M in Rot anschlagen, die M auf das Nadelspiel verteilen und wie beim Schal beschrieben eine Biese arbeiten. In den 8 Rd oberhalb der Biese verteilt 5x 2 M re zusammenstricken = 70 M. Eine Biese in Grün str, in den 8 Rd darüber wieder 5 M verteilt abnehmen = 65 M. Eine Biese in Gelb arbeiten und die Abnahmen ebenso arbeiten = 60 M. Noch eine Biese in Blau arbeiten.
Über die 60 M weiter in Meliert 3 cm im Rippenmuster, dann glatt re str (siehe Grundanleitung ab Seite 56). Nach dem Daumenspickel die Zacken nach der Strickschrift arbeiten = 5x den Rapport von 12 M, dann in Schwarz weiterarbeiten.
Den 2. Handschuh gegengleich str.

Strickschrift für die Fingerhandschuhe

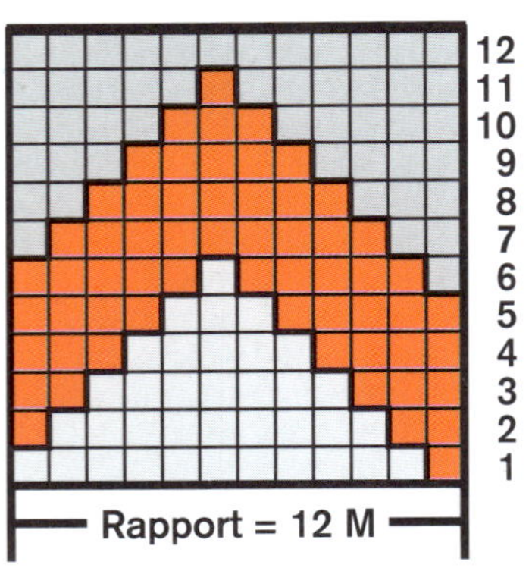

Fausthandschuhe mit schwarzen Zacken

Material: Schachenmayr-Garn, Qualität **Regia 6-fädig**, 75% Schurwolle, 25% Polyamid (Lauflänge ca. 125 m/ 50 g) je 50 g in Schwarzweiß meliert Nr. 2068 und Schwarz Nr. 2066; **Regia 4-fädig**, 75% Schurwolle, 25% Polyamid (Lauflänge ca. 210 m/ 50 g) je 50 g (oder Reste des Schals) in Rot Nr. 2054, Grün Nr. 626, Gelb Nr. 2041 und Blau Nr. 1988.
Nadelspiele Nr. $2^1/_2$ und $3^1/_2$.
Glatt re mit Nadeln Nr. $2^1/_2$ bzw. $3^1/_2$: Hinr re M, Rückr li M, in Rd nur re M.
Maschenprobe: Mit Regia 4-fädig und Nadeln Nr. $2^1/_2$: 30 M und 42 R, mit Regia 6-fädig und Nadeln Nr. $3^1/_2$: 26 M und 38 R = 10 x 10 cm.
Rippenmuster, Nadeln Nr. $3^1/_2$: 1 M re, 1 M li im Wechsel stricken.

Anleitung
Die Manschette wie bei den Handschuhen mit roten Zacken beschrieben str. Nach dem Zusammenstricken der Biese weiter in Schwarz 3 cm im Rippenmuster str, dabei in der 1. Rd verteilt 12x 2 M re zusammenstricken = 48 M. Dann den Handschuh mit Nadeln Nr. $3^1/_2$ glatt re str (Anleitung Seite 56). Nach dem Daumenspickel die Zacken wie folgt str: * 1 M in Meliert, 5 M in Schwarz, ab * 5x wdh. Nun in jeder 2. Rd die schwarzen M beidseitig um je 1 M verschmälern, die melierten Flächen erweitern, bis alle M in Meliert gestrickt werden. Den Handschuh in Meliert beenden.
Den 2. Handschuh gegengleich str.

Mützen

Material: Schachenmayr-Garn, Qualität **Regia 4-fädig**, 75% Schurwolle, 25% Polyamid (Lauflänge ca. 210 m/ 50 g) je 50 g in Schwarzweiß meliert Nr 2068, Rot Nr. 2054, Grün Nr. 626, Gelb Nr. 2041, Blau Nr. 1988 und Schwarz Nr. 2066.
Stricknadeln Nr. $2^1/_2$.
Glatt re, Nadeln Nr. $2^1/_2$: Hinr re M, Rückr li M.
Maschenprobe: 30 M und 42 R = 10 x 10 cm.

Anleitung für die Mütze mit 4 Biesen (Seite 35)
146 M in Rot anschlagen und die Biesen wie beim Schal beschrieben str. Nach der 4. Biese in Meliert weiterarbeiten. In der 5. R mit den Abnahmen beginnen. Dafür nach der Randm 6x jede 23. und 24. M re zusammenstricken. Diese Abnahmen an den gleichen Stellen in jeder 2. R 8x, dann in jeder R 14x wiederholen; in den Rückr die entsprechenden M li zusammenstricken. Über die restlichen 8 M noch 2 cm in Schwarz str, dann die M mit dem Arbeitsfaden fest zusammenziehen. Die Naht schließen.

Anleitung für die Mütze mit 3 Biesen
146 M in Rot anschlagen und die Biesen wie beim Schal beschrieben str. Nach der 3. Biese 4 R in Schwarz str. Dann die Zacken wie folgt arbeiten: Randm * 7 M in Schwarz, 1 M in Meliert, ab * 17x wiederholen, Randm. Nun in jeder 2. R die melierten M beidseitig um je 1 M verbreitern, die M in Schwarz entsprechend verschmälern = in der 3. R Randm, * 1 M in Meliert, 5 M in Schwarz, 2 M in Meliert, ab * 17x wiederholen, Randm.
Noch 2 R über alle M in Meliert str, dann die Abnahmen arbeiten. Dafür nach der Randm 8x jede 17. und 18. M re zusammenstricken. Diese Abnahmen an den gleichen Stellen in jeder 2. R 8x, dann in jeder R noch 8x wiederholen; in den Rückr die entsprechenden M li zusammenstricken. Die restlichen 10 M mit dem Arbeitsfaden fest zusammenziehen. Die Naht schließen.

Eine dekorative Alternative zu Bündchenmustern sind mehrfarbige Rollränder. Hier sind sie Ton in Ton gestrickt. Versuchen Sie es doch auch mal ganz bunt …

Schal mit Rollrändern

Material: Schachenmayr-Garn, Qualität **Regia 6-fädig Tweed**, 75% Schurwolle, 20% Polyamid, 5% Polyacryl (Lauflänge ca. 125 m/50 g), 350 g in Schwarz Nr. 99, je 50 g in Anthrazit Nr. 92 und Grau Nr. 88. Stricknadeln Nr. 3½.
Glatt re: Hinr re M, Rückr li M.
Rippenmuster: 1 M re, 1 M li im Wechsel str.
Maschenprobe: Glatt re: 22 M und 30 R, im Rippenmuster: 36 M und 30 R = 10 x 10 cm.

Anleitung
45 M in Anthrazit mit Nadeln Nr. 3½ anschlagen und 9 R glatt re str, mit einer Rückr li M beginnen. Den 2. Rand in Grau ebenso str.
Die Strickstücke links auf links aufeinander legen und in Schwarz im Wechsel 1 M der vorderen Nadel re und 1 M der hinteren Nadel li str = 90 M.
Im Rippenmuster weiter im Wechsel 30 R in Schwarz, 4 R in Anthrazit, 30 R in Schwarz und 4 R in Grau str.
In ca. 1,90 m Länge, nach 16 schmalen Streifen und 24 R in Schwarz, die rechten und linken Maschen getrennt auf je 1 Nadel heben und die Arbeit stilllegen. Nun für den zweiten Rand wie oben beschrieben die Rollränder und noch 3 R in Schwarz im Rippenmuster str, dann die re und li M ebenfalls trennen. Die Schalenden gegeneinander legen und zunächst die re M der einen Seite im Maschenstich verbinden. Die Arbeit wenden und die re Maschen der beiden anderen Nadeln ebenso verbinden.

Mützen und Handschuhe mit Rollrändern

Material: Schachenmayr-Garn, Qualität **Regia 4-fädig Tweed**, 75% Schurwolle, 20% Polyamid, 5% Polyacryl (Lauflänge ca. 200 m/50 g), je 50 g in Anthrazit Nr. 2958, Grau Nr. 2953 und Schwarz Nr. 2954.
2 Nadelspiele Nr. 2½.
Glatt re: Hinr re M, Rückr li M, in Rd nur re M.
Maschenprobe: 30 M und 42 R = 10 x 10 cm.

Anleitung für die große Mütze
Ca. 52 cm Kopfumfang. Zunächst die 3 Rollränder stricken. Für den 1. Rollrand 160 M in Schwarz anschlagen (= je 40 M pro Nadel) und 20 Rd str. Dann mit dem zweiten Nadelspiel 160 M in Anthrazit anschlagen und 15 Rd str. Den 2. Rollrand über den 1. legen und jeweils 1 M beider Nadeln in Anthrazit re zusammenstricken. Danach noch 4 Rd in Grau str. Nun für den 3. Rollrand die M in Grau anschlagen und 15 Rd str. Dann diesen Rand über die ersten Ränder stülpen und wieder je 1 M beider Nadeln re zus-str. In Grau weiter zunächst 6 cm re str, dann die Abnahmen wie folgt arbeiten:
1. Rd: Jede 9. und 10. M re zusammenstricken, 8 Rd ohne Abnahmen str.
9. Rd: Jede 8. und 9. M re zusammenstricken, 7 Rd ohne Abnahmen str.
17. Rd: Jede 7. und 8. M re zusammenstricken, 6 Rd ohne Abnahmen str.
In diesem Prinzip weiterarbeiten, bis noch 4 M auf jeder Nadel sind. Diese M mit dem Arbeitsfaden zusammenziehen. Zugleich über die letzten 20 Rd 7 Rd in Anthrazit und 13 Rd in Schwarz arbeiten, dafür nach dem Zusammenstricken der 5. und 6. M mit Anthrazit beginnen.
Je einen Pompon in Schwarz und Anthrazit anfertigen und lose an die Mützenspitze nähen.

Anleitung für die kleine Mütze
Ca. 42 cm Kopfumfang. Wie die große Mütze, jedoch nur mit 128 M str und die Farben umgekehrt einteilen. 5 cm nach dem Zusammenstricken der letzten Rollränder für die Abnahmen jede 7. und 8. M re zusammenstricken, 6 Rd ohne Abnahmen str, dann jede 6. und 7. M re zusammenstricken und 5 Rd ohne Abnahmen str, usw. Die letzten 16 M mit dem Arbeitsfaden fest zusammenziehen.
Je einen Pompon in den 3 Farben anfertigen und an die Mützenspitze nähen.

Anleitung für die Handschuhe
Zunächst die 3 Rollränder wie bei der Mütze beschrieben str. Dafür jeweils 60 M anschlagen, für den 1. Rollrand in Grau, für den 2. in Anthrazit und für den 3. in Schwarz. In Schwarz noch 3 cm re str, dann nach der Grundbeschreibung auf den Seiten 56-59 weiterarbeiten.
Nach Wunsch am rechten oder linken Ringfinger einen „Ring" über 4 Rd in Grau einstricken.

Tipp: Bei den Mützen können Sie anstelle der Nadelspiele zu Beginn auch eine 50 cm lange, bei kleinerer Maschenzahl dann eine 40 cm lange Rundstricknadel verwenden und erst zum Schluss mit dem Nadelspiel weiterarbeiten.

Obwohl die Handstulpen nur bis zu den Fingern reichen, bleiben die Hände warm. Und bei der Musterauswahl gibt es keine Grenzen! Sie stricken dafür einfach ein Rechteck und arbeiten die Naht so, daß im oberen Drittel etwa 4 cm offen bleiben. Da wird dann der Daumen durchgesteckt. Bei den Armstulpen dagegen wird der Mittelfinger in die Schlaufe oberhalb des Zopfes gesteckt.

Eine witzige Geschenkidee sind diese Handstulpen. Sie können in fast jedem Muster gestrickt werden und sind schnell fertig.

Material für alle Stulpen: Schachenmayr-Garn, Qualität **Extra**, 100% Schurwolle (Lauflänge ca. 125 m/50 g), je 50 g oder Reste in den angegebenen Farben.

Handstulpen mit Zebramustern

Material: Schwarz Nr. 3521 und Natur Nr. 3502. Stricknadeln Nr. 3 1/2 und 4.
Grundmuster, Nadeln Nr. 4: Glatt re = Hinr re M, Rückr li M.
Maschenprobe: 22 M und 30 R = 10 x 10 cm.
Jacquardmuster, Nadeln Nr. 4: Siehe Schema. Es ist jede R gezeichnet, 1 Kästchen = 1 M. Die Randm immer mit beiden Fäden stricken.
Maschenprobe: 22 M und 25 R = 10 x 10 cm.
Bündchenmuster, Nadeln Nr. 3 1/2: 1 M re, 1 M li im Wechsel stricken.

Anleitung: 46 M in Schwarz anschlagen und 3 bis 5 cm im Bündchenmuster arbeiten.
Glatt re nach dem Schema weiter, den Rapport von 22 M 2x str, beidseitig zusätzlich je 1 Randm arbeiten.

Strickschrift für das Zebramuster

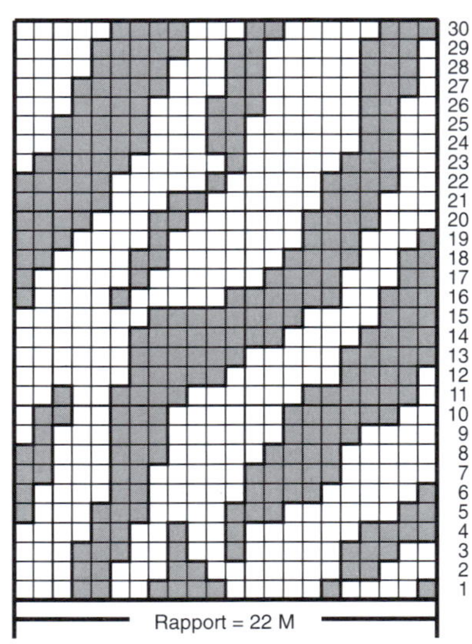

Mit Nd 3 1/2 noch 1 Hinr re M, dann 2 cm im Bündchenmuster anstricken.
Die 2. Handstulpe wird ebenso gestrickt, hier sind jedoch die Farben des Jacquardmusters ausgetauscht.
Die Naht schließen, dabei im oberen Drittel eine 4 cm lange Öffnung für den Daumen lassen.

Naturfarbene Handstulpen

Material: Natur Nr. 3502.
Stricknadeln Nr. 3 1/2 und 4.
Grundmuster, Nadeln Nr. 4: Siehe Strickschrift. Es sind Hin- und Rückr gezeichnet, 1 Kästchen = 1 M.
Die 1. bis 16. R stets wiederholen.
Maschenprobe: 24 M und 30 R = 10 x 10 cm.
Bündchenmuster, Nadeln Nr. 3 1/2: 1 M re, 1 M li im Wechsel stricken.

Anleitung: 50 M anschlagen und 3 cm im Bündchenmuster stricken.
Weiter im Grundmuster, den Rapport 6x und beidseitig je 1 Randm str.
In 14 cm Höhe, nach 2 Rapporten in der Höhe, über alle M noch 2 cm im Bündchenmuster anstricken.
Die Naht schließen, dabei im oberen Drittel eine 4 cm lange Öffnung für den Daumen lassen.

Strickschrift für die naturfarbenen Handstulpen

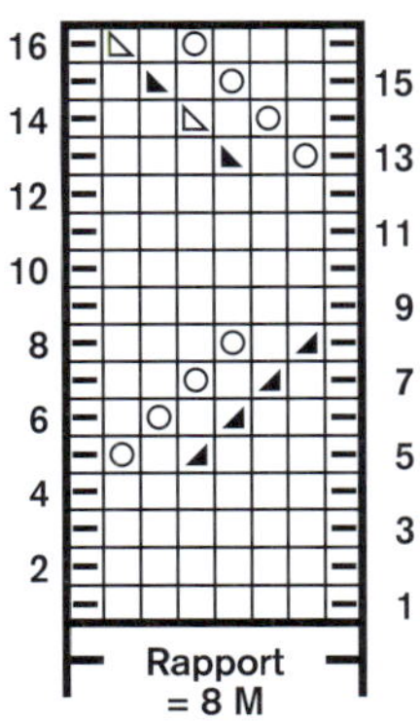

= re M
= li M
= 1 Umschlag
= 2 M re zusammenstricken, in der Rückr 2 M li zusammenstricken
= 1 M re abheben, 1 M re str und die abgehobene M überziehen
= in der Rückr mit der re Nd hinter der Arbeit von re nach li in die 2. M einstechen; die 1. M von der Nd gleiten lassen und mit der li Nd wieder auffassen, diese M li str und hinter der Arbeit die abgehobene M über die gestrickte M ziehen

Armstulpen mit Zopf

Material: 100 g in Schwarz Nr. 3521 bzw. Rost Nr.3603.
Stricknadeln Nr. 3 1/2.
Grundmuster: Glatt re = Hinr re M, Rückr li M.
Maschenprobe: 26 M und 34 R = 10 x 10 cm.
Zopf über 12 M, 1. bis 10. R: 2 M glatt li (Hinr li M, Rückr re M), 8 M glatt re, 2 M glatt li.
11. R: 2 M li, 4 M mit einer Hilfsnadel vor die Arbeit legen, 4 M re, dann die M der Hilfsnadel re str, 2 M li.
12. R: 2 M re, 8 M li, 2 M re.
Die 1. bis 12. R stets wiederholen.
Bündchenmuster: 1 M re, 1 M li im Wechsel stricken.

Anleitung
56 M anschlagen und die 1. Rückr wie folgt str: Randm, 23 M re, 8 M li, 23 M re, Randm. Dann 4 R wie folgt: Randm, 21 M kraus re (= Hin- und Rückr re M), 12 M Zopf, 21 M kraus re, Randm.
Danach über die 21 krausen M glatt re weiterarbeiten. In 11 cm Höhe über den 21 M 12 R im Bündchenmuster, dann wieder glatt re str.
In 18 cm Höhe, nach der 5. Verkreuzung, die Abnahmen str: 4 M kraus re (= Randm und 3 M), 1 doppelter Überzug (= dÜ: 1 M re abheben, 2 M re zus-str und die abgehobene M überziehen), 15 M re, 12 M Zopf, 15 M re, 3 M re zusammenstricken, 4 M kraus re. Diese Abnahmen in jeder 2. R jeweils 4 M ab Rand noch 7x wiederholen. Weiter wie folgt abnehmen:
1.R: 4 M re, 1 dÜ, 1 M li, 8 M re, 1 M li, 3 M re zus-str, 4 M re.
3. R: 2 M re, 1 dÜ, 1 M li, 8 M re, 1 M li, 3 M re zus-str, 2 M re.
5. R: 1 dÜ, 1 M li, 8 M re, 1 M li, 3 M re zus-str.
In der folgenden **Rückr** 3 M li zus-str, 6 M li, 3 M li zus-str. In der nächsten **Hinr** die 8 M verkreuzen, 1 Rückr li M str, dann über die ersten 4 M 5 cm glatt re str. Diese M mit den übrigen 4 M des Zopfes im Maschenstich verbinden. Die Naht schließen.

Schnellen Erfolg garantiert dieses hochbauschige Bouclégarn auch ungeübten Strickerinnen. Es wirkt fast wie Samt und es fühlt sich genauso kuschelig an.

Material: Gedifra/Schachenmayr-Garn, Qualität **Cipria**, 100% Polyamid (Lauflänge ca. 90 m/50 g), 300 g in Grün meliert Nr. 1602 bzw. 200 g in Bunt meliert Nr. 1603. Stricknadeln Nr. 6.
Rippenmuster: 1 M re, 1 M li im Wechsel stricken.
Glatt re: Hinr re M, Rückr li M.
Glatt li: Hinr li M, Rückr re M.
Maschenprobe: 12 M und 21 R = 10 x 10 cm.

Anleitung für den Mützenschal in Grün meliert
32 M locker anschlagen und 50 cm im Rippenmuster str.
Nun für den Umschlag an der re Kante neben der Randm 1 M, dann in jeder 8. R neben der zugenommenen M noch 12x 1 M zunehmen = 45 M. Über die Zunahmen glatt re str.
In 100 cm Höhe ist die Mitte erreicht, die 2. Hälfte nun gegengleich arbeiten, d. h. in jeder 8. R 13x jeweils die letzten 2 glatt re gestrickten M re zusammenstricken.
In 200 cm Höhe alle M locker abketten.
Den Schal zur Hälfte zusammenlegen und für das Mützenteil an der hinteren Kante 20 cm zusammennähen.
Die Schalenden in ca. 5 Falten legen und fest zusammennähen.
2 dicke Pompons anfertigen und an die Schalenden nähen.

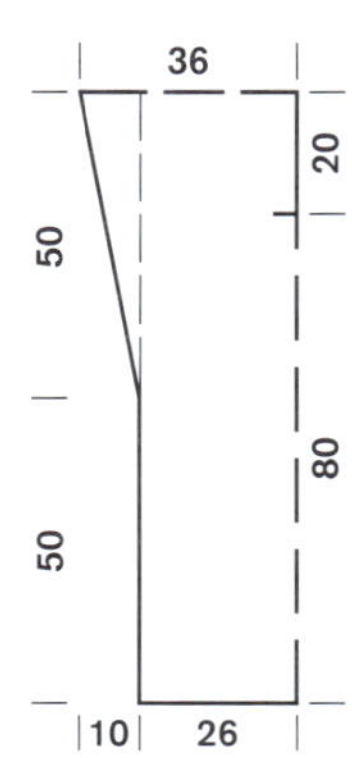

Bei diesen Teilen haben Sie Mütze und Schal in einem Stück. Beim grün melierten Schal (links) formt eine 20 cm hohe Naht die Mütze. Bei der bunt melierten Mütze (rechts) wird der extra gestrickte Schal quer angenäht. Das Garn gibt es in Bunt meliert und in einfarbigen Tönen.

Anleitung für die Mütze mit Schal in Bunt meliert
48 M locker anschlagen und die 1. Rückr wie folgt str: Für den Umschlag Randm und 12 M re, für die Mütze 34 M li, Randm. In den Hinr Randm, 34 M re, dann 1 M wie zum Linksstricken abheben (= Bruchkante), 11 M li, Randm.

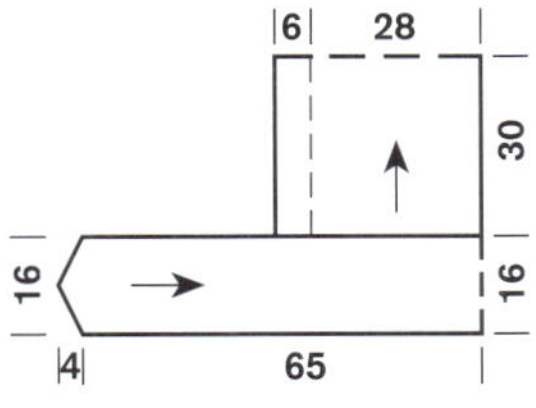

In 60 cm Höhe alle M gerade abketten. Die Mütze zur Hälfte zusammenlegen. Die hintere Naht schließen. Den Umschlag in der Bruchkante nach außen umlegen und an der unteren Kante befestigen. An der unteren Kante, auf beiden Seiten des ersten Drittels neben der Naht, je 2 kleine Falten einnähen.
Für den Schal 2 M anschlagen und im Rippenmuster str. Dabei in jeder R beidseitig je 1 M zunehmen, bis 20 M auf der Nadel sind. Nun 130 cm gerade hochstricken. Dann für die Spitze wieder beidseitig in jeder R je 2 M re zusammenstricken, die letzten 2 M abketten. Beim Vernähen von Anfangs- und Endfaden die Anschlag- bzw. Abkettmaschen zur Spitze formen. Den Schal an die untere Mützenkante nähen.

Auf beiden Seiten gleich

Besonders schön für Schals sind Muster, die auf beiden Seiten gleich aussehen. Dafür eignen sich Patentmuster, einige Strukturmuster und Zöpfe, die im Rippenmuster gestrickt sind.

Tipp: Bei Rippenmustern sehen die Ränder besonders gut aus, wenn Sie rund angeschlagen (italienischer Anschlag) und entsprechend abgekettet werden. Wie beim Muster mit Tulpenzöpfen (links oben).

Mustervorschläge für Schals mit doppelseitigen Mustern

Material: Jaeger-Garn, Qualität **Shetland**, 80% Schurwolle, 20% Alpaka (Lauflänge ca. 166 m/100 g), Naturmeliert Nr. 04, Leinen meliert Nr. 03 bzw. Beige meliert Nr. 13.
Stricknadeln Nr. 5.

Rippenpatent
M-Zahl teilbar durch 16 + 2 Randm.
1. R: Randm, 4x (1 M mit 1 Umschlag li abheben, 1 M li, 4x (1 M mit 1 Umschlag li abheben, 1 M re), Randm.
2. R: Randm, 4x (1 M mit 1 Umschlag li abheben, die M mit dem Umschlag li zusammenstricken), 4x (1 M mit 1 Umschlag li abheben, die M mit dem Umschlag re zusammenstricken), Randm.
Die 2. R stets wiederholen.
ACHTUNG: Die Randm in jeder R links str und sehr fest anziehen.
Maschenprobe: 16 M = 12 cm breit, 36 R = 10 cm hoch.

Rippenmuster mit Tulpenzöpfen
M-Zahl teilbar durch 32 + 2 Randm.
Grundmuster: Randm, * 1 M li, 1 M re, ab * wiederholen, Randm.
In der **10., 20. und 30. R** über die ersten 16 M (nach der Randm) wie folgt str: 8 M Zopf nach rechts verkreuzen (= 4 M mit einer Hilfsnadel hinter die Arbeit legen, die folgenden 4 M str, wie sie erscheinen, dann die M der Hilfsnadel str, wie sie erscheinen), 8 M Zopf nach links verkreuzen (= 4 M mit einer Hilfsnadel vor die Arbeit legen, die folgenden 4 M str, wie sie erscheinen, dann die M der Hilfsnadel str, wie sie erscheinen). Die folgenden 16 M im Grundmuster str.
In der **40., 50. und 60. R** die ersten 16 M im Grundmuster str, über die folgenden 16 M 8 M Zopf nach links und 8 M Zopf nach rechts stricken.
Diese 60 R stets wiederholen.
Maschenprobe: 30 M und 25 R = 10 x 10 cm.

Schal mit Zopfmuster

Material: Schachenmayr-Garn, Qualität **Alpina**, 100% Schurwolle (Lauflänge ca. 90 m/50 g), 500 g in Natur Nr. 02.
Stricknadeln Nr. 5½.
Grundmuster: Siehe Strickschrift. In den Rückr die M str, wie sie erscheinen. Die 1. bis 12. R stets wiederholen.

Anleitung: 86 M anschlagen und im Grundmuster 3x den Rapport + die 1. bis 12. M str. Beidseitig zusätzlich eine Knötchen-Randm arbeiten.
In 180 cm Höhe, nach einer 9. R, alle M abketten.

Strickschrift für das Grundmuster des Schals

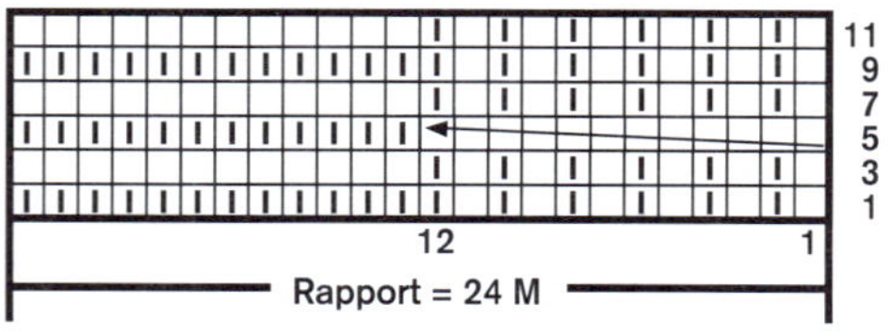

☐ = li M
⌷ = re M
= 6 M mit einer Hilfsnadel vor die Arbeit legen, die folgenden 6 M str, wie sie erscheinen, dann die M der Hilfsnadel str, wie sie erscheinen

Mal Double-face, mal mit zwei Mustern rund gestrickt – diese Schals sind auf beiden Seiten mustergültig.

Bei Double-face-Arbeiten (im Foto ganz rechts) erscheint das Muster der zweiten Schalseite farblich gegengleich. Hier wird in jeder Reihe nacheinander je eine Masche der Vorderseite in einer Farbe und der Rückseite in der zweiten Farbe gestrickt. Beim oben abgebildeten Schal gehts rund – ein Jacquardmuster für die Vorderseite, ein zweites für die Rückseite.
Die Anleitungen finden Sie auf den folgenden Seiten.

Doppelter Schal

Material: Schachenmayr-Garn, Qualität **Extra**, 100% Schurwolle (Lauflänge ca. 125 m/50 g), 250 g in Braun Nr. 3566 und je 150 g in Hellbeige Nr. 3556 und Beige Nr. 3555.
Eine kurze Rundstricknadel oder ein Nadelspiel Nr. 4
Grundmuster: Glatt re = Hinr re M, Rückr li M, in Runden nur re M.
Jacquardmuster: Glatt re nach den Strickschriften str. Es ist jede R bzw. Rd gezeichnet, 1 Kästchen = 1 M.
Grundfarbe = Braun, Einstrickfarbe im Wechsel je 11 Rd in Beige und Hellbeige (siehe Muster 1).
Maschenprobe: 22 M und 24 R = 10 x 10 cm.

Strickschrift für Muster 1

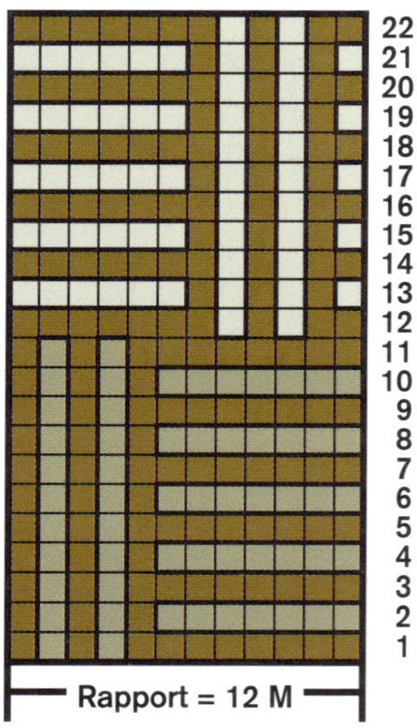

Strickschrift für Muster 2

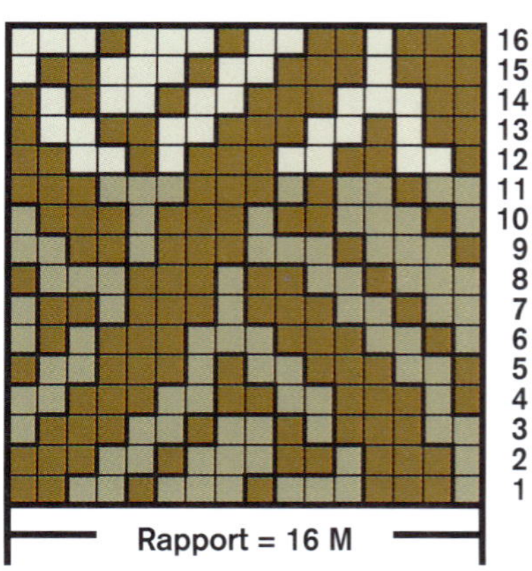

Anschlag: Hier gibt es zwei Möglichkeiten. Einmal der normale Anschlag, dann muss die Kante später zusammengenäht werden.
Schöner ist jedoch der offene Anschlag. Hierfür eine Kette von 102 Luftm häkeln, dann jeweils aus den hinteren quer liegenden Maschenteilen je 1 M aufnehmen. Zum Schluss die Anschlag-M für Vorder- und Rückseite auf Hilfsnadeln nehmen und die Luftmaschenkette auftrennen. Dann die beiden Hälften aufeinander legen und die Naht im Maschenstich schließen.

Anleitung: Der Schal ist in Runden gestrickt. Für 22 cm Breite 102 M in Braun anschlagen, dann in Runden str und die Muster wie folgt aufteilen: 1 M in Braun (= rechte Kante), 1 M in Beige, 48 M Muster 1 = 4x der Rapport von 12 M, 1 M in Beige, 1 M in Braun (= linke Kante), 1 M in Beige, 48 M Muster 2 = 3x der Rapport von 16 M, 1 M in Beige.
In ca. 165 cm Höhe – nach 18 Rapporten Muster 1 – die M abketten, dafür die M jeder Seite auf je eine Nadel legen und die Naht im Maschenstich schließen. Oder zunächst nur die braune M stricken, dann immer 1 M jeder Seite re zusammenstricken und die Abkett-M überziehen.

Tip: Vor dem Schließen der letzten Naht den Schal wenden und zunächst alle Fäden auf der Innenseite vernähen.

Double-face-Schal

Material: Schachenmayr-Garn, Qualität **Extra**, 100% Schurwolle (Lauflänge ca. 125 m/50 g), je 250 g in Braun Nr. 3566 und Hellbeige Nr. 3556.
Stricknadeln Nr. 4.
Grundmuster: Glatt re in Double-face-Technik nach der Strickschrift str. 1 Kästchen = 1 re M der Vorderseite in der gezeichneten Farbe und 1 li M der Rückseite in der anderen Farbe.
Es sind nur die Hinr gezeichnet, in den Rückr die M und Farben jeder Seite str, wie sie erscheinen.
Maschenprobe: 20 M und 28 R = 10 x 10 cm.

Anleitung: Mit offenem oder rundem Anschlag arbeiten, pro Seite 67 M: Zunächst 3 R über alle M in Braun/Hellbeige str, dann wie folgt: 4 M in Braun /Hellbeige, 3x 20 M Muster, 3 M in Braun/Hellbeige.
Dabei darauf achten, daß beim Wenden die Seitenkanten offen bleiben, damit die Seitennähte sauber geschlossen werden können (siehe Fotos rechts).
In ca. 160 cm Höhe, nach 6 x 72 R, noch 3 R über alle M in Braun/Hellbeige str, dann die M der Vorder- und Rückseite auf je 1 Nadel heben und im Maschenstich zusammennähen.
Die Seitennähte schließen.

Strickschrift für den Double-face-Schal

Tips für Double-face-Arbeiten

Runder oder italienischer Anschlag: Dieser Anschlag ist gerade für Double-face-Arbeiten der schönste Anschlag. Besonders dann, wenn Sie schon die Anschlagreihe mit beiden Farben beginnen. Verknoten Sie die beiden Fäden und schlagen Sie die nötigen Maschen mit einer etwa eine Nummer dünneren Nadel an. Bei den ersten 2 bis 3 Maschen die Endstücke mit der rechten Hand festhalten. Die folgenden 3 Reihen dann in Jacquardtechnik stricken, abwechselnd 1 Masche rechts und 1 Masche links jeweils in der Farbe der Anschlagmaschen. Dann im Muster weiterarbeiten.

Offener Anschlag: Häkeln Sie mit einem kontrastfarbenen Faden eine lockere Luftmaschenkette in der Länge der benötigten Maschen für eine Seite. Nun aus den hinteren, quer liegenden Teilen der Luftmaschenkette die Maschen auffassen und 2 Reihen glatt rechts stricken. Die Luftmaschenkette auftrennen, dabei die offenen Maschen mit einer Hilfsnadel auffassen. Achten Sie darauf, dass Sie dieselbe Maschenzahl erhalten. Dann über diese Masche ebenfalls 2 Reihen in der 2. Farbe stricken. Nun das Strickstück links auf links zusammenlegen und mit zwei Fäden in Jacquardtechnik weiterarbeiten, dabei im Wechsel 1 Masche der vorderen Nadel rechts und 1 Masche der hinteren Nadel links abstricken.

Randmaschen: Die ersten und letzten 4 Maschen des Schals werden jeweils in einer Farbe gestrickt. Achten Sie beim Wenden darauf, dass sich die Fäden nicht verkreuzen. Der Faden in der Farbe der 1. auf der Nadel liegenden Masche muss vorn liegen. Nur dann erhalten Sie eine offene Kante, die später im Matratzenstich sauber geschlossen werden kann.

Ausführliche Erklärungen zu den Themen Runder Anschlag, Offener Anschlag und Double-face-Arbeiten finden Sie im Großen Ravensburger Strickbuch, das im Buchhandel erhältlich ist.

Der sauberste Anschlag für Double-face-Arbeiten ist der runde oder italienische Anschlag. Wenn man hier die Maschen beider Seiten auf je eine Nadel hebt, ist kein Übergang zu erkennen.

Zum Schluss die Maschen der Vorder- und der Rückseite auf je eine Nadel heben. Dann die Maschen beider Schalseiten im Maschenstich verbinden.

Wenden Sie das Strickstück nach jeder Reihe so, dass sich die Fäden nicht verkreuzen, der Faden der 1. Randmasche also außen liegt.

Die Seitenkanten der Schalseiten im Matratzenstich verbinden, die Randmaschen also nach innen umnähen.

E thno-Schal

Doppelt gut: ein Schal mit ethnischen Motiven. Harmonische Farben machen ihn zum besonderen Blickfang.

Dieser Schal macht zwar die doppelte Arbeit, dafür hält er aber auch doppelt warm, und er kann sich von beiden Seiten sehen lassen: Eine Seite ist in Intarsientechnik, die zweite mit Streifen in den Grundfarben der Musterseite gestrickt. Bei der Zeichnung gilt ein Kästchen für eine Masche in der Breite und zwei Reihen in der Höhe, es sind also jeweils nur die Hinreihen gezeichnet.

Größe: Ca. 37 cm x 210 cm.
Material: Schachenmayr-Garn, Qualität **Extra**, 100% Schurwolle (Lauflänge ca. 125 m/50 g), 450 g in Bordeaux Nr. 3535, 200 g in Orange Nr. 3600, 150 g in Rost Nr. 3603, je 100 g in Rot Nr. 3604 und Schwarz Nr. 3521 und je 50 g in Grün Nr. 350 und Blau Nr. 3553. Stricknadeln Nr. 4.
Grundmuster: Glatt re = Hinr re M, Rückr li M.
Maschenprobe: 22 M und 30 R = 10 x 10 cm.
Einstrickmuster: Siehe Strickschrift. Es sind nur die Hinr gezeichnet, in den Rückr die M farblich str, wie sie erscheinen. Nach der 1. bis 344. R, die 296. bis 1. R von oben nach unten stricken.
Streifenfolge: 32 R in Bordeaux, je 20 R in Rot und Orange, 8 R in Rost, 20 R in Orange, 196 R in Bordeaux, 28 R in Orange, 20 R in Rot, 196 R in Bordeaux, 20 R in Orange, 8 R in Rost, je 20 R in Orange und Rot und 32 R in Bordeaux = 640 R.

Anleitung: Der Schal wird in 2 Teilen gestrickt und später zusammengenäht. Für die **Oberseite** 84 M in Bordeaux anschlagen und nach dem Schema str. Beidseitig zusätzlich je 1 Randm arbeiten. Dabei für jede Farbfläche ein Extraknäuel verwenden und beim Farbwechsel die Fäden auf der Rückseite der Arbeit verkreuzen. Kleinere Farbflächen können später im Maschenstich aufgestickt werden.
Am Ende der Zeichnung, nach 640 R, die M abketten.
Für die **Unterseite** 82 M in Bordeaux anschlagen und glatt re in den Grundfarben der Oberseite stricken (siehe Streifenfolge). Dann die M abketten.
Die Teile links auf links aufeinander legen und zunächst die Längs-, dann die Schmalkanten schließen.

Strickschrift für das Einstrickmuster

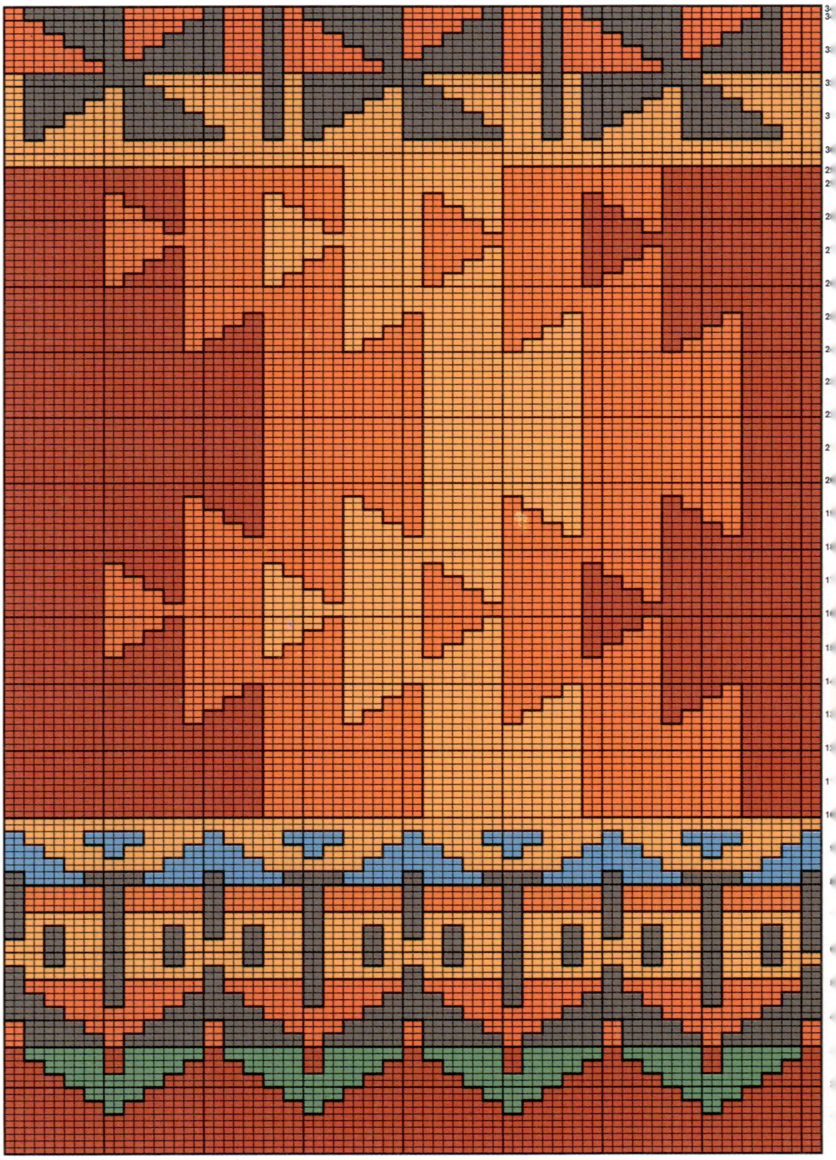

Genau der Kopfform angepasst sind die Zacken der Teufelsmützen – so werden die Ohren perfekt bedeckt.

Kraus rechts Gestricktes braucht mehr Reihen als glatt rechte Teile. Deshalb ziehen sich die Ränder der Teufelsmützen etwas zusammen, wölben sich dadurch leicht nach innen, und die Mützen passen sich der Kopfform perfekt an. Die Mützen werden quer gestrickt, wie auch das Schnittschema zeigt.

Teufelsmützen

Größe: Für ca. 50 cm/56 cm Kopfumfang.
Material: Schachenmayr-Garn, Qualität **Regia 6-fädig**, 75% Schurwolle, 25% Polyamid (Lauflänge ca. 125 m/50 g) je 50 g in Schwarz Nr. 2066 und Pink Nr. 2017 bzw. bzw. in Blau Nr. 614, Gelb Nr. 612, Pink Nr. 2017 und Rot Nr. 2054 bzw. Schwarz Nr. 2066, Blau Nr. 614, Gelb Nr. 612, Pink Nr. 2017, Grün Nr. 613 und Rot Nr. 2054. Stricknadeln Nr. 4.
Grundmuster: Glatt re = Hinr re M, Rückr li M.
Maschenprobe: 22 M und 30 R = 10 x 10 cm.
Kraus re: Jede R re str.
Maschenprobe: 22 M und 42 R = 10 x 10 cm.

Anleitung
Die Mütze wird quer gestrickt, der Beginn ist in der hinteren Mitte. 34/38 M anschlagen, über die ersten 22/26 M für die Seitenteile glatt re str, über die restlichen 12 M immer kraus re str.
Linkes Seitenteil, A:
1. R (=Hinr): Randm, 1 Überzug (= 1 M re abheben, 1 M re str und die abgehobene M überziehen), 20/24 M glatt re in Farbe 1, 10 M kraus re, 1 M re verschränkt aus dem Querfaden zunehmen, Randm in Farbe 2.
2. R (=Rückr): Die ersten 12 M in Farbe 2 re str, die folgenden 22/26 M in Farbe 1 li str.
Diese 2 R noch 15x/17x wiederholen.

Linkes Seitenteil, B:
1. R: Randm, 1 M re, 1 M re verschränkt aus dem Querfaden zunehmen, 20/24 M glatt re in Farbe 3, 10 M kraus re, 2 M re zusammenstricken, Randm in Farbe 2.
2. R: Wie bei A str.
Diese 2 R noch 15x/17x wiederholen.
Mittleres Kopfteil, C:
Dieses Teil wird nur kraus re gestrickt.
1. R: Randm, 1 Überzug, 30/34 M re, 1 M re verschränkt aus dem Querfaden zunehmen, Randm in Farbe 4.
2. R: Alle M re str.
Diese 2 R noch 11x/12x wiederholen.

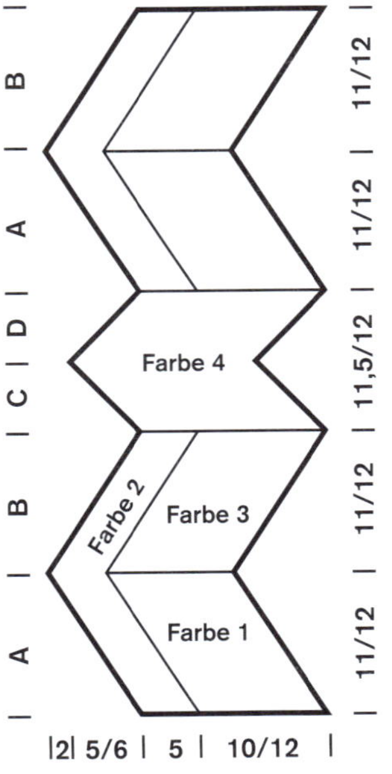

Mittleres Kopfteil, D:
1. R: Randm, 1 M re verschränkt aus dem Querfaden zunehmen, 30/34 M kraus re, 2 M re zusammenstricken, Randm in Farbe 4.
2. R: Alle M re str.
Diese 2 R noch 11x/12x wiederholen.
Rechte Seitenteile, A und B:
Wie die linken Seitenteile str.
Fertigstellung:
Die rückwärtige Naht im Maschenstich, dann die oberen Nähte schließen.

Farbaufteilung für die Mütze in Pink und Schwarz
Für Farbe 1 und 3 Pink, für Farbe 2 und 4 Schwarz verwenden.

Farbaufteilung für die bunte Mütze
Für Farbe 1 Blau, für Farbe 2 Rot, für Farbe 3 Gelb und für Farbe 4 Pink verwenden.

Farbaufteilung für die schwarzbunte Mütze
Beim linken Seitenteil für Farbe 1 und 3 zunächst 4 R in Schwarz, dann je 6 R in Blau, Schwarz, Gelb, Schwarz, Pink, Schwarz, Grün, Schwarz und 4 R in Rot str, für Farbe 2 Schwarz verwenden.

Für das mittlere Teil (Farbe 4) immer im Wechsel je * 2 R in Schwarz, Blau, Schwarz, Gelb, Schwarz, Pink, Schwarz, Grün, Schwarz und Rot, ab * wdh. Beim rechten Seitenteil für Farbe 1 und 3 zunächst 4 R in Grün, dann je 6 R in Schwarz, Rot, Schwarz, Blau, Schwarz, Gelb, Schwarz, Pink und 4 R in Schwarz str, für Farbe 2 Schwarz verwenden.

Bei der farblichen Gestaltung können Sie Ihrer Fantasie freien Lauf lassen – bei dieser Mütze sind alle Teile anders: breite Streifen in unterschiedlichen Farben für die Seitenteile, schmale Rippen für die obere Kopfpartie.

Fußball, Handball, Hockey usw. – jeder Club hat seine Farben! Hier acht Vorschläge für Fans. Farben und Muster sind natürlich austauschbar.

Material: Schachenmayr-Garn **Extra**, 100% Schurwolle (Lauflänge ca. 125 m /50 g), in den angebenen Mengen in Schwarz Nr. 3521, Weiß Nr. 3524, Rot Nr. 3519, Blau Nr. 3512, Gelb Nr. 3557 und Grün Nr. 3618.
Stricknadeln Nr. 4.
Glatt rechts: Hinr re M, Rückr li M, in Rd nur re M.
Maschenprobe: 22 M und 30 R = 10 x 10 cm.
Einstrickmuster: Die Farbflächen wie angegeben str. Für jede Farbfläche ein Extraknäuel verwenden und beim Farbwechsel die Fäden auf der Rückseite der Arbeit verkreuzen.

Bündchenmuster I: 1 M re, 1 M li im Wechsel stricken.
Bündchenmuster II: 2 M re, 2 M li im Wechsel stricken.
Maschenprobe: Im Bündchenmuster I bzw. II gestrickt, nicht gedehnt gemessen: 40 M und 28 R = 10 x 10 cm.
Falsches Patentmuster: M-Zahl teilbar durch 4 + 2 Randm.
1. R: Randm, * 1 M li, 3 M re, ab * wdh, Randm.
2. R: Randm, * 1 M re, 1 M li, 2 M re, ab * wdh, Randm.
Die 1. und 2. R stets wiederholen.
Maschenprobe: 32 M und 30 R = 10 x 10 cm.

Schal in Blau und Schwarz (je 250 g): Für 27 cm Breite 110 M in Blau anschlagen und im Bündchenmuster II je 15 R in jeder Farbe str. In 190 cm Höhe die M abketten.
Schal in Weiß und Blau (300 g in Blau, 150 g in Weiß): Für 29 cm Breite 94 M in Blau anschlagen und im Falschen Patent im Wechsel 40 R in Blau und 20 R in Weiß str. In 213 cm Höhe, nach 40 R in Blau, die M abketten.
Schal in Blau und Rot (je 200 g): Für 24 cm Breite 96 M in Blau anschlagen und im Bündchenmuster I str. * je 12 R in Blau, Rot und Blau, 24 R in Rot, 8 R in Blau, je 12 R in Rot, Blau und Rot, 24 R in Blau, 8 R in Rot, ab * 3x wdh = 544 R bzw. 194 cm.
Schal in Schwarz und Weiß (350 g in Schwarz, 100 g in Weiß): Für 24 cm Breite 96 M in Schwarz anschlagen und im Bündchenmuster I str. * 40 R in Schwarz, 4 R in Weiß, 8 R in Schwarz, 4 R in Weiß, ab * 9x wdh = 560 R bzw. 200 cm.
Schal in Rot und Weiß (je 200 g): Für 22 cm Breite nacheinander 25 M in Rot, je 24 M in Weiß und Rot und 25 M in Weiß = 98 M anschlagen und glatt re str. Nach jeweils 34 R die Farben versetzen. In 181 cm Höhe, nach 16 Farbstreifen bzw. 544 R, alle M abketten. Den Schal längs zur Hälfte zusammenlegen, Seiten- und Schmalnähte schließen. Die Nähte vorsichtig dämpfen.
Schal in Grün und Weiß (je 200 g): Wie den Schal in Rot und Weiß str, jedoch die Farben nach jeweils 68 R versetzen.
Schal in Rot und Schwarz (je 200 g): Wie den Schal in Rot und Weiß str, jedoch die Farben nach jeweils 136 R versetzen.
Schal in Gelb und Schwarz (je 200 g): Wie den Schal in Rot und Weiß str, die Farbstreifen jedoch über die gesamte Länge arbeiten.

Etwas Fingerfertigkeit braucht man für Handschuhe schon, denn es muss immer in Runden gestrickt werden. Und bei Fingerhandschuhen sind das zum Schluss nur wenige Maschen.

Handschuhe sollten, genau wie Socken, relativ fest gestrickt werden. Diese hier sind aus reiner Schurwolle mit einer Lauflänge von etwa 125 m/50 g und mit Nadelstärke 3½ gestrickt, wobei 26 Maschen und 38 Reihen 10 cm im Quadrat ergeben. Wenn Sie locker stricken, sollten Sie eine halbe Nadelstärke kleiner verwenden. Für Handschuhe gibts spezielle Nadelspiele mit nur 15 cm langen Nadeln. Diese kurzen Nadeln sind besonders für die Finger sehr empfehlenswert.

Fingerhandschuhe

Für den rechten Handschuh wird die Innenhand mit der 1. und 2. Nadel, der Handrücken mit der 3. und 4. Nadel gestrickt, für den linken Handschuh genau umgekehrt. Da alle Finger symmetrisch gearbeitet werden, muss nur die Lage des Daumens verändert werden. Alles Übrige wird wie beim rechten Handschuh gestrickt. Beschrieben ist der Handschuh in Größe 7; alle anderen Größenangaben können Sie für zwei verschiedene Maschenproben den Tabellen entnehmen.

Bündchen
48 M mit Nadeln Nr. 3 anschlagen und die M auf 4 Nadeln des Nadelspiels verteilen = 12 M je Nadel. Das Bündchen in gewünschter Höhe stricken. Es sollte jedoch mindestens 6 cm lang sein. Wenn Sie das Bündchen sehr fest stricken oder wenn Sie es später umklappen möchten, können Sie auch einige Maschen mehr anschlagen und in der 1. re Rd einige Male 2 M re zusammenstricken.
Dann glatt re mit Nadeln Nr. 3½ weiterarbeiten.

Daumenspickel
Nach 2 Rd mit den Zunahmen für den Daumenspickel beginnen. Dafür bei der 1. Nadel 2 M re str. Vor und nach der 3. M je 1 M re verschränkt aus dem Querfaden zunehmen. Dann 3 Rd ohne Zunahmen stricken. In der 4. Rd beidseitig der zugenommenen M wieder je 1 M zunehmen. Diese Zunahmen in jeder 4. Rd noch 4-mal wiederholen = 13 M für den Daumenkeil. Nach der letzten Zunahmerunde noch 3 Rd str, dann die 13 Daumenmaschen auf einem Maschenraffer oder einem Faden stilllegen.
Beim linken Handschuh für den Daumenspickel bis 3 M vor Ende der 4. Nadel str, dann die Zunahmen vor und nach der drittletzten M arbeiten.

Daumenspickel (unterhalb der Sicherheitsnadel) und -steg (kleines Dreieck darüber) sorgen für die nötige Weite.

Nach dem kleinen Finger 3 Runden über die übrigen Maschen stricken, dann die restlichen Finger arbeiten.

Daumensteg
Über den stillgelegten Daumenmaschen einen Steg aus 7 M anschlagen. Die Rd beenden und eine weitere Rd über alle M str.
In der nächsten Runde über den 7 Stegmaschen Abnahmen wie folgt arbeiten: die 1. Stegmasche re abheben, die 2. Stegmasche re str und die abgehobene M überziehen; die folgenden 3 M re str und die letzten 2 M re zusammenstricken. In der folgenden 2. Rd die Abnahmen wiederholen und in der darauf folgenden 2. Rd von den letzten 3 Stegmaschen die 1. M wie zum Rechtsstricken abheben, die nächsten 2 M re zusammenstricken und die abgehobene M überziehen. Nun sind wieder die ursprünglichen 12 M auf der 1. Nadel.
Über alle M gerade hoch weiterstricken bis zum kleinen Finger.

Kleiner Finger
In der Höhe des kleinen Fingers bis 6 M vor Ende der 2. Nadel stricken. Nun für den kleinen Finger mit einem neuen Faden die letzten 6 M der 2. Nadel und die ersten 6 M der 3. Nadel auf extra Nadeln stricken, als Steg zwischen Handrücken und Innenhand 3 M neu anschlagen. Diese 15 M auf 3 Nadeln à 5 M verteilen und in Rd re str.

Maschenprobe: 26 M und 38 Reihen

Handschuh-Größe	6	7	8	9
Handumfang in cm	17	19	22	24
Maschenanschlag	40	48	56	64
Maschenzahl für Daumenkeil	13	13	15	17
Maschenzahl für Daumensteg	7	7	9	9
Länge kleiner Finger	5	6	7	8
Länge Ringfinger	6	7	8	9
Länge Mittelfinger	6,5	7,5	8,5	9,5
Länge Zeigefinger	6	7	8	9
Länge Daumen	5	5,5	6	6,5

Maschenzahlen für die Finger

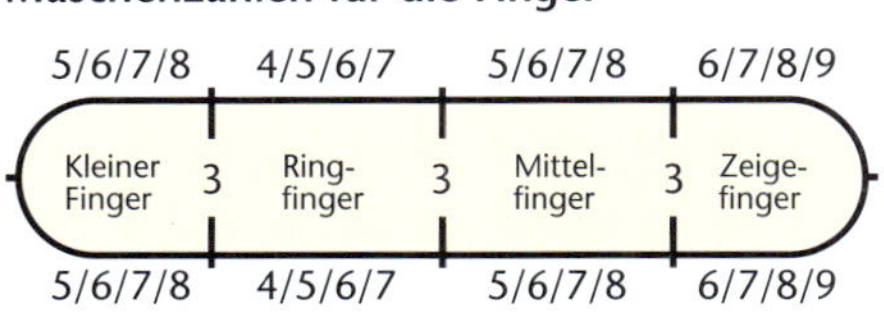

Maschenprobe: 30 M und 42 Reihen

Handschuh-Größe	6	7	8	9
Handumfang in cm	17	19	22	24
Maschenanschlag	52	60	64	72
Maschenzahl für Daumenkeil	15	15	17	19
Maschenzahl für Daumensteg	9	9	11	11
Länge kleiner Finger	5	6	7	8
Länge Ringfinger	6	7	8	9
Länge Mittelfinger	6,5	7,5	8,5	9,5
Länge Zeigefinger	6	7	8	9
Länge Daumen	5	5,5	6	6,5

Maschenzahlen für die Finger

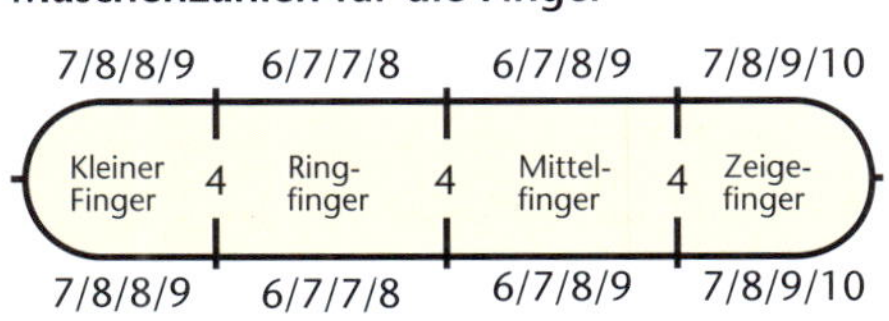

Ein paar Anregungen für Handschuhe: Stricken Sie mal jeden Finger oder nur die Fingerkuppen in jeweils einer anderen Farbe. Ringeln Sie nur die Bündchen, nur die Handflächen oder auch nur einen Finger. Verwenden Sie für die Bündchen bunte Effektgarnreste. Die Anleitung für diese Handschuhe finden Sie auf Seite 30/31.

In etwa 5 cm Fingerhöhe den Handschuh anprobieren. Ab etwa 1 cm vor der Fingerkuppe immer die letzten 2 M jeder Nadel re zusammenstricken. Diese Abnahmen arbeiten, bis nur noch 6 M insgesamt übrig sind. Den Faden abschneiden und die 6 M mit dem Faden zusammenziehen.
Nun mit dem alten Faden zunächst aus dem Steg 3 M herausstricken, dann über alle M etwa 3 Rd str bis zur Höhe des Ringfingers.

Ringfinger
Dann bis 5 M vor Ende der 2. Nadel str. Mit einem neuen Faden die letzten 5 M der 2. Nadel, die 3 M des Stegs und die ersten 5 M der 3. Nadel auf extra Nadeln stricken, für den nächsten Steg 3 M neu anschlagen. Diese 16 M auf 3 Nadeln verteilen (5/5/6 M) und in Rundenetwa 6 cm re str. Die letzte M der 2. und der 3. Nadel mit auf die 1. bzw. 4. Nadel heben.

Vor dem Arbeiten der Spitze den Handschuh anprobieren. Die Spitze wie beim kleinen Finger str. Da auf 2 Nadeln je 1 M weniger ist, in der 1. Abnahmerunde auf diesen Nadeln keine M zusammenstricken. Die letzten 6 M mit dem Arbeitsfaden zusammenziehen.

Mittelfinger
Zunächst für den Zeigefinger die ersten 7 M der 1. Nadel und die letzten 7 M der 4. Nadel stilllegen. Die 6 M des Handrückens re str, dann aus dem Steg des Ringfingers 3 M herausstricken, die folgenden 6 M der Innenhand stricken und für den nächsten Steg 3 M neu anschlagen. Diese 18 M auf 3 Nadeln verteilen und den Mittelfinger wie den kleinen Finger beenden.

Zeigefinger
Für den Zeigefinger zunächst 3 M aus dem Steg herausstricken, dann die restlichen 14 M abstricken. Diese 17 M auf 3 Nadeln verteilen (5/6/6 M) und den Zeigefinger wie die übrigen Finger beenden.

Daumen
Zu den 13 stillgelegten Daumenmaschen noch 7 M aus dem Steg herausstricken, damit kein Loch entsteht, die 1. und die letzte M dabei rechts verschränkt aus dem Querfaden neben den Daumenmaschen herausstricken. Diese 20 M auf 3 Nadeln verteilen (6/7/7 M). Nun in Rd über alle M str. In etwa 5 cm Höhe die Spitze wie bei den übrigen Fingern arbeiten. Die letzten 6 M mit dem Arbeitsfaden zusammenziehen.

Tipp: Da die letzten 6 Maschen der Fingerkuppen mit dem Arbeitsfaden zusammengezogen werden, sollten die Maschen nicht zu groß ausfallen. Stricken Sie deshalb die letzte Abnahmerunde mit einer ganzen Nadelstärke kleiner als die übrigen Runden.

Fausthandschuhe

Fausthandschuhe werden genauso wie Fingerhandschuhe begonnen. Nach dem Daumensteg über die 48 M gerade hochstricken bis zum Ende des kleinen Fingers. Dann mit den Bandabnahmen für die Spitze beginnen. Dafür bei der 1. Nadel 1 M re str, die 2. M re abheben, die 3. M re str und die 2. M überheben. Bis 3 M vor Ende der 2. Nadel stricken, dann 2 M re zusammenstricken und die letzte M re str. Die Abnahme bei der 3. Nadel wie bei der 1. Nadel, bei der 4. Nadel wie bei der 2. Nadel stricken. Diese Abnahmen in jeder 2. Rd wiederholen, bis nur noch die Hälfte der M auf den Nadeln ist, dann die Abnahmen in jeder Rd stricken, bis noch 8 M insgesamt übrig sind.
Die restlichen M des rechten Bandes flach auf die des linken Bandes legen und im Maschenstich zusammennähen.

Schräg eingestrickter Daumen

Obwohl dieser Daumen sich der Handform am besten anpasst, gut aussieht und einfach zu arbeiten ist, kennt man diese Strickart hierzulande kaum. Auf dem Handrücken ist kein Übergang zum Daumen zu sehen, die Zunahmen werden in regelmäßigen Abständen nur in der Innenhand gearbeitet.
Für diesen Daumen beginnt man mit den Zunahmen in der Mitte der Innenhand. Die Maschen werden immer nach einer bestimmten Masche (hier der rostfarbenen) rechts verschränkt aus dem Querfaden zugenommen.
Die neuen Maschen liegen immer links neben dieser Masche. So laufen die Zunahmen diagonal über die Innenhand bis zur Daumenhöhe.
Bei einfach glatt rechts gestrickten Handschuhen werden die Zunahmen in jeder 2. Rd gearbeitet. Bei Jacquardmustern, bei denen im Verhältnis weniger Reihen gestrickt werden, kann man abwechselnd in jeder und in jeder 2. Runde zunehmen.
In entsprechender Höhe werden die Daumenmaschen auf eine Hilfsnadel gelegt. Sind genügend Maschen für die nötige Daumenweite vorhanden, kann der Handschuh ohne Steg fertiggestrickt werden. Fehlen einige Maschen, kann man wie beim „normalen“ Daumen einen kleinen Steg einarbeiten.

Handschuh mit gerade eingearbeitetem Daumen

Bei schwierigeren Mustern ist diese Daumenart einfacher zu arbeiten. Sie gibt zwar keine Mehrweite für den Daumen, doch sind die Strickstücke meist dehnbar genug, um ein bequemes Tragen der Handschuhe zu garantieren.
Der Daumen wird 1 bis 2 Maschen von der Seitenkante entfernt über die Maschen der Innenhand gearbeitet: Stricken Sie mit einem andersfarbigen Hilfsfaden die Daumenmaschen ab und heben Sie die neuen Maschen zurück auf die linke Nadel. Dann stricken Sie über alle Maschen wie gewohnt gerade hoch weiter. Die Maschenanzahl richtet sich nach Maschenprobe; der „Schlitz“ sollte etwa 3 bis 4 cm breit sein, also etwa 10 bis 14 Maschen betragen. Stricken Sie nun zunächst den Faust- oder Fingerhandschuh bis zur Spitze fertig. Ziehen Sie dann den Hilfsfaden vorsichtig heraus und heben Sie die offenen Maschen auf die Nadeln. Jetzt wird weiter in Runden gestrickt. Damit an den Seiten keine Löcher entstehen und damit der Daumen die nötige Weite erhält, sollten Sie in der 1. Runde beidseitig an den Rändern je 1 Masche rechts verschränkt aus den Querfäden herausstricken. Nun den Daumen wie beschrieben beenden.

Für den gerade eingearbeiteten Daumen die Maschen mit einem Hilfsfaden abstricken und zurück auf die linke Nadel heben. Dann über alle Maschen in Runden gerade hoch weiterstricken.

Den Hilfsfaden vorsichtig herausziehen, dann die offenen Maschen der Ober- und Unterkante auf die Nadeln heben und beidseitig aus den Querfäden je 1 Masche verschränkt zunehmen.

Der gerade Daumen ist besonders bei aufwendigeren Jacquardmustern einfacher zu stricken als der Daumen mit Spickel und Steg.

Damit keine Langeweile aufkommt, erhalten Mützen und Schals mit bunten Quasten, Fransen oder Pompons den letzten „Pfiff". Wie einfach es geht, sehen Sie auf diesen Seiten.

Pompons

Schneiden Sie aus fester Pappe zwei gleich große Ringe zu. Der Außendurchmesser dieser Ringe entspricht etwa dem halben Durchmesser des fertigen Pompons. Der Innendurchmesser muss etwa ein Drittel bis die Hälfte des Außendurchmessers betragen. Wenn der äußere Durchmesser z. B. 6 cm beträgt, sollte der innere Durchmesser des Kreises etwa 2 bis 3 cm betragen. Je größer der innere Durchmesser, um so dichter und fester wird der Pompon. Nun beide Ringe aufeinander legen. Mehrere lange Wollfäden in eine dicke Wollnadel fädeln und die Pappringe mit dem Garn umnähen, bis das Loch in der Mitte ausgefüllt ist.
Dann die Wollfäden entlang der äußeren Kanten zwischen den Pappscheiben durchschneiden. Die Pappscheiben leicht auseinander ziehen, das Fadenbündel mit doppeltem Faden sehr fest umwickeln und gut verknoten. Dieser Faden muss sehr fest sein, damit er nicht reißt. Wenn Sie locker gedrehte Wolle für den Pompon verwenden, nehmen Sie besser einen reißfesten Synthetikfaden oder auch farblich passenden Zwirn zum Zusammenbinden des Fadenbündels.
Zum Schluss die Pappscheiben entfernen und den Pompon gleichmäßig rund schneiden.
Wenn Sie viele Pompons anfertigen wollen, lohnt der Kauf eines Sets für 4 verschiedene Pompongrößen (von INOX). Ein Set besteht aus 4 Teilen mit 2 unterschiedlichen „Lappen". Jeweils 2 unterschiedliche legen Sie zusammen und umwickeln sie mit dem Garn (am besten doppelt oder dreifach gelegt, dann geht's schneller). Dann schieben Sie die umwickelten Teile ineinander. Nun können Sie das Wollbündel zwischen 2 Scheiben durchschneiden, abbinden und die Teile herausziehen.

So unterschiedlich können Pompons aussehen, wenn Sie zwei oder mehrere verschiedenfarbige Fäden gleichzeitig wickeln oder die Pappringe bzw. Pompon-Sets flächenweise mit unterschiedlichen Farben umwickeln (Foto links und unten).
Die Einsatzmöglichkeiten sind unbegrenzt. An erster Stelle stehen natürlich Mützen. Aber auch an Pullovern, an Schalenden oder Fausthandschuhen machen Pompons einfach gute Laune.

An Schalenden sehen Quasten und Fransen gleichermaßen gut aus. Für beide gilt jedoch, daß sie nicht zu dick werden sollten. Nehmen Sie bei Fransen, ganz gleich um welche Garnstärke es sich handelt, höchstens vier Fäden. Arbeiten Sie dafür lieber einige Fransen mehr ein (s. Fotos rechte Seite).
Schal und Mütze (Foto rechts, Anleitung auf Seite 26) haben Quasten aus Bouclégarn. Der Schal mit dem Wendemuster (von Seite 44) hat hier kleine Quasten unter jedem Zopf.

Quasten

Quasten sind sehr einfach zu basteln. Schneiden Sie aus fester Pappe ein Rechteck oder Quadrat in Höhe der gewünschen Quastenlänge. Anstelle der Pappe können Sie auch kleine Schachteln, zusammengefaltete Briefumschläge o. ä. verwenden.
Legen Sie nun einen doppelten Faden auf den oberen Rand der Pappe und umwickeln Sie beides locker mit dem Garn. Dann verknoten Sie die oberen Fäden sehr fest.

Schneiden Sie das Fadenbündel an der unteren Kante durch. Nun das Bündel etwa 1 bis 1,5 cm unterhalb der oberen Kante mit einem Faden fest abbinden und den Faden fest verknoten. Die Fadenenden mit einer stumpfen Sticknadel durch das obere abgebundene Teil nach unten durchziehen. Zum Schluss die untere Kante mit einer scharfen Schere begradigen.
Quasten können Sie in den unterschiedlichsten Farben arbeiten. Hier sind drei verschiedenfarbige Fäden zusammen um die Pappe gewickelt.

Wenn Sie z. B. 4 bis 6 Fäden in Blau und einen Faden in Gelb verwenden, wirken die gelben Fäden wie eingestreut. Oder Sie wickeln jeweils einen Zentimeter in jeweils einer anderen Farbe, dann erhalten Sie kleine „Flächen". Umwickeln Sie die Pappe nicht zu oft; da man zunächst nur eine Hälfte der Fäden sieht, täuscht man sich leicht, und die Quasten werden zu dick.

Fransen

Die Fäden für Fransen müssen etwa doppelt so lang plus etwa 2 cm sein wie die gewünschte Fransenlänge. Für kurze Fransen wickeln Sie das Garn um ein rechteckiges Pappstück in passender Größe, für längere Fransen können Sie die Wolle auch um ein Taschenbuch oder einen kleinen Karton wickeln. Dann schneiden Sie das Fadenbündel an einer Kante auf.

Legen Sie 2 bis höchstens 4 Fäden zur Hälfte zusammen. Dann stechen Sie von unten nach oben durch eine Masche und ziehen die Schlaufe der Fäden einige Zentimeter durch. Dann holen Sie die Endfäden durch diese Schlaufe und ziehen sie fest an. Zwischen jeder Franse sollten Sie bei Schals mindestens 3 bis 4 Maschen Zwischenraum lassen.

Für eine mehrfach geknüpfte Fransenkante müssen die Fäden etwa 6 cm länger sein als die gewünschte Fransenlänge. Die Fransen werden wie oben beschrieben eingehäkelt. Dann für die erste Knotenreihe am Anfang und am Ende jeweils nur die Hälfte eines Fadenbündels, dazwischen immer die Hälfte von 2 Fadenbündeln im Abstand von etwa 1 cm zur Kante hin verknoten.

Die zweite Knotenreihe ebenso arbeiten, am Anfang und am Ende jeweils das halbe Fadenbündel mit der Hälfte des folgenden verknoten.

Ravensburger®

So macht Stricken Spaß!

Mit 800 Farbfotos und Zeichnungen zeigt „Das große Ravensburger Strickbuch“, wie es geht. Alle Techniken werden ausführlich und leicht verständlich erklärt, einschließlich vieler Tipps und Tricks, die den Erfolg garantieren.

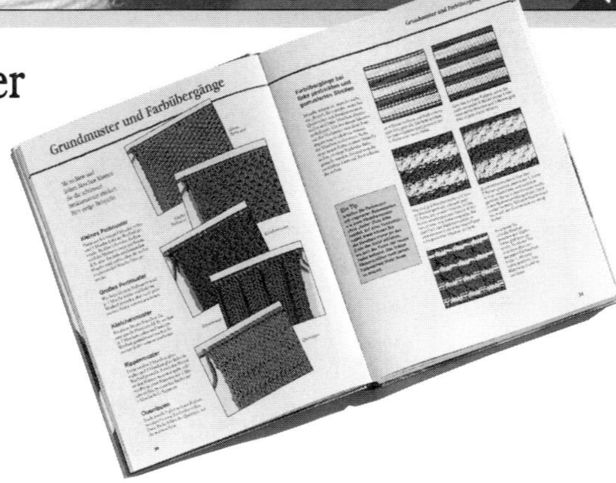

ISBN 3-473-42447-1

Ravensburger®